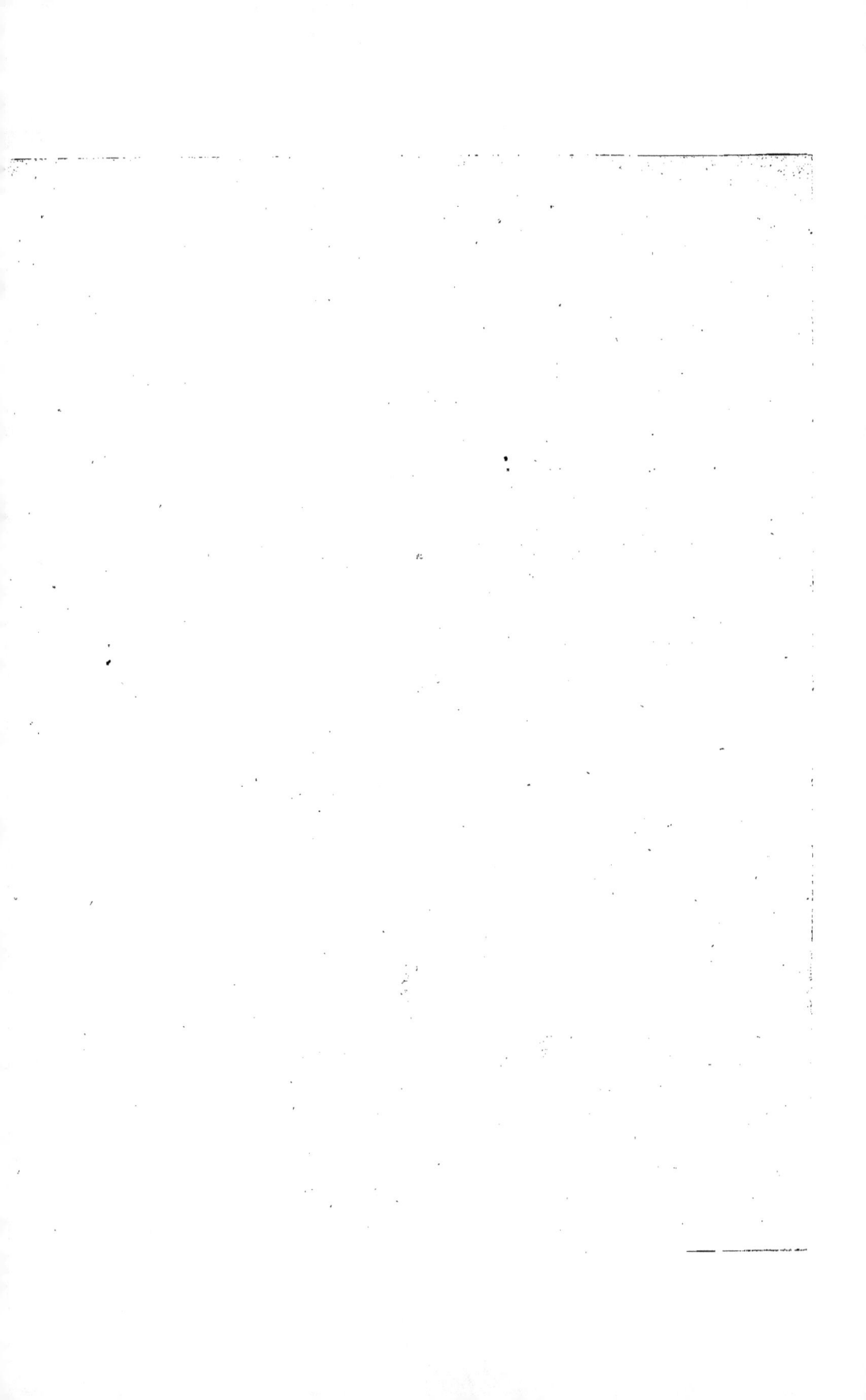

72778

MÉMOIRE

SUR LA CAUSE DES RICOCHETS

QUE FONT

LES PIERRES ET LES BOULETS DE CANON,

LANCÉS OBLIQUEMENT SUR LA SURFACE

DE L'EAU.

PAR GEORGES BIDONE.

TURIN, 1811.

DE L'IMPRIMERIE DE L'ACADÉMIE IMPÉRIALE DES SCIENCES.

(10)

MÉMOIRE

SUR LA CAUSE DES RICOCHETS QUE FONT LES PIERRES ET LES BOULETS DE CANON, LANCÉS OBLIQUEMENT SUR LA SURFACE DE L'EAU.

PAR GEORGES BIDONE.

Lu à l'Académie Impériale des Sciences, Littérature et Beaux-Arts
de Turin, le 16 Février 1811.

L'INTÉRÊT avec lequel on se plait à observer le phénomène qui fait l'objet de ce Mémoire, suffirait seul
pour nous exciter à en connaître la cause; si le desir de
contribuer à l'avancement de la physique n'y ajoutait
des motifs plus puissans encore: Aussi des Géomètres
et des Physiciens du premier ordre ont-ils cherché à
la découvrir. Mais les différentes causes qu'ils ont successivement imaginées, ne paraissent pas répondre à
l'ensemble des circonstances qui accompagnent ce phénomène singulier, ni fixer d'une manière précise les
limites, au-delà desquelles il cesse d'avoir lieu. Ce
sont ces considérations qui m'ont engagé à discuter
cette question. A tel effet je commence par développer

les principes, d'où dépend la théorie des ricochets, faits à la surface de l'eau par des corps solides. L'explication qui en découle, embrasse toutes les circonstances, et fait ressortir les conditions essentielles à les produire.

A ce phénomène il s'en rattache d'autres, que l'observation journalière nous présente continuellement, tels que le rejaillissement des liquides, causé par la chute des corps solides sur leur surface, et la réflexion des gouttes qui tombent sur des liquides. Les explications sont confirmées à leur tour par des expériences, que je rapporte. Après avoir ainsi exposé la partie physique, j'en soumets les principes au calcul, pour avoir les limites des divers élémens, qui produisent par leur concours le ricochet; et afin d'en rendre plus évident l'accord avec l'observation, j'applique les formules générales à des exemples numériques. Je discute également, à l'aide du calcul, les expériences rapportées; et il résulte, que leur théorie, ainsi que celle des ricochets faits à la surface de l'eau, rentre entièrement dans celle des armes à feu. Enfin, je termine le Mémoire par des considérations générales sur les explications qu'on a données jusqu'à présent, des phénomènes dont il s'agit.

Principes desquels dépend l'explication des ricochets
qui se font à la surface de l'eau.

1. LORSQU'UN corps se meut dans l'atmosphère avec
une vîtesse plus grande que celle que prendrait l'air,
s'il se précipitait tout-à-coup dans le vide ; il se forme en contiguïté de sa surface postérieure un vide
parfait. Si la vîtesse du corps est moindre que celle
de l'air dans le vide, alors ce fluide occupe continuellement, avec une vîtesse égale à celle du corps, l'espace
que celui-ci abandonne.

Dans le premier cas, si le corps s'arrête ou perd
brusquement une partie finie de son mouvement, de
manière que sa vîtesse restante soit moindre que celle de l'air
dans le vide ; le corps est frappé par ce fluide avec
toute la vîtesse qu'il prend dans le vide : Dans le second
cas, l'air frappe le corps avec l'excès de sa vîtesse sur
celle que conserve encore le corps.

Lorsqu'un corps quelconque tombe, à travers de l'atmosphère, sur la surface d'un liquide, il attrape et
comprime entre sa surface et celle du liquide, une couche d'air plus ou moins considérable.

Les premiers de ces principes sont assez clairs par
eux-mêmes, et généralement admis par les Auteurs
qui traitent du mouvement des projectiles dans l'at-

4

mosphère. Le dernier devient également évident , si l'on fait attention à l'adhérence de l'air à la surface de tous les corps. Ce fait , sur lequel sont généralement d'accord les Physiciens (a) , a été prouvé par un grand nombre d'expériences par le Médecin Petit (b). Cette enveloppe d'air , et la force de son adhésion aux différentes substances , soit solides , soit liquides , sont plus ou moins considérables , suivant la nature des corps et suivant les circonstances de leur surface. Mais il est constaté , que cette adhérence est souvent assez puissante 'pour résister à la force expansive de l'air , mise en activité par la raréfaction faite sous la machine pneumatique , aussi bien qu'aux fortes pressions exercées sur la surface des corps par le moyen des liquides.

L'observation de tous les jours démontre qu'un corps qui tombe avec une certaine vîtesse , excite, à l'endroit de sa chute, un vent qui chasse et emporte tout-à-l'entour les grains de poussière qui peuvent s'y trouver; et il est aisé de se convaincre que ce vent n'est pas seulement produit par l'air qui suit le corps , mais qu'il l'est principalement par la couche de ce fluide qui est attrapée et comprimée entre les deux surfaces , et qui s'échappe au moment du choc. Il suffit, pour rendre ce phénomène plus

---

(a) Musschenbroëk. Cours de Physique, article 1030. Vassalli-Eandi, Physicae experimentalis lineamenta ad Subalpinos , de aëre , articulo 5.º. Traité élémentaire de Physique par M. Haüy , 2.de édition , tom. I , pag. 239 etc.

(b) Histoire de l'Académie Royale des Sciences de Paris pour l'année 1731.

sensible, d'augmenter l'étendue et le parallélisme des deux surfaces, et de répandre de légers corpuscules à l'endroit de la chute. L'expérience très-connue, par laquelle on voit qu'un cylindre d'acier très-délié flotte sur la surface de l'eau en vertu de la couche aërienne qui l'enveloppe, prouve que l'épaisseur de cette couche est plus grande que o $^{millimètr.}$, 684, en supposant le rayon du cylindre de o $^{millimètr.}$, 38 (a).

Une semblable couche d'air, plus ou moins épaisse, peut être censée adhérente à la surface des autres corps, et des liquides mêmes; ce qui double l'épaisseur de la couche aërienne attrapée entre les deux surfaces qui viennent à se choquer. Si donc un corps tombe avec vîtesse sur un liquide, il ne paraît pas douteux, en combinant la propriété qu'a le liquide de céder au choc, avec la compressibilité et l'adhérence de l'air, il ne paraît pas douteux, dis-je, qu'au moment du choc il attrapera entre sa surface et celle du liquide une couche d'air, qui sera bientôt enveloppée par le liquide environnant, avant qu'elle puisse se dégager de dessous le corps. La vérité de ce fait se confirmera davantage encore par les phénomènes mêmes qu'il servira à expliquer. Nous allons maintenant voir comment de la considération des principes précédens on déduit l'explication la

(a) On parvient à ce résultat, en supposant de plus que les poids spécifiques du cylindre, de l'eau et de l'air, soient représentés respectivement par les nombres 6266, 4; 800; 1.

6

plus naturelle et la plus complète des ricochets à la surface de l'eau, et de beaucoup d'autres phénomènes analogues.

2. Soit un corps ou *mobile* M (*fig.* 1.ère) de figure sphérique, qui après avoir parcouru dans l'atmosphère l'espace AM, rencontre obliquement en C la surface horizontale OS d'une eau dormante : à ce point, le corps, par les lois de la réfraction, commencera à s'écarter de sa direction, en s'éloignant de la perpendiculaire, et perdant en très-peu de temps une partie finie de sa vîtesse. Ainsi au lieu de la ligne MB, il prendra la route MKM' avec un mouvement retardé. Or, si au moment que le corps frappe la surface de l'eau, sa vîtesse est moindre que celle que prendrait l'air dans le vide; il est visible que ce fluide (*a*) suivra de près le mobile avec une égale vîtesse, et se précipitera derrière lui dans l'eau pour occuper à l'instant la place qu'il abandonne.

Pareillement, si la vîtesse du corps au moment qu'il frappe l'eau, est plus grande que celle de l'air dans le vide; il est facile de s'assurer (comme on le verra plus bas) que la vîtesse de l'air, qui tendra alors à remplir le vide laissé par le mobile, sera assez forte, pour que l'air puisse arriver à occuper l'entonnoir qui se

---

(*a*) Nous désignons ici par le mot *fluide*, l'air atmosphérique et les autres substances qui ont les mêmes propriétés mécaniques ; et par celui de *liquide*, les substances telles que l'eau, le mercure etc.

forme dans le liquide derrière le corps, dont la vîtesse est tout-à-coup retardée, avant que les lames d'eau,
qui s'élèvent tout-à-l'entour, viennent à retomber.

Ainsi dans tous les cas, dès que le mobile par son
arrivée à la surface de l'eau, est forcé, par la résistance de ce liquide, de changer subitement de direction
et de perdre une quantité finie de son mouvement,
l'air qui le suit, s'enfonce également dans l'eau, et se
précipite, en vertu de la vîtesse dont il est doué,
dans le creux, ouvert sur le liquide par le corps, qui
le précède. La manière dont l'air se jette dans ce
creux, mérite une attention particulière, par son im-
portance pour l'explication du phénomène. Tant que
le mobile a dans l'atmosphère un mouvement soumis
aux lois de la continuité, l'air qui le suit, prend in-
stantanément la même direction. Mais, dès que le corps
éprouve, en frappant le liquide, un changement brusque
de direction; cet air, en vertu de l'inertie, conserve
encore, dans les premiers instants, sa direction primitive;
circonstance qui le porte à suivre une route moins réfractée que celle du corps, et à creuser davantage l'entonnoir
liquide. Maintenant le mobile continuant à se mouvoir,
et à s'écarter de plus en plus de sa direction, à mesure
que de nouvelles parties de sa surface pénètrent dans
l'eau; l'air, toujours actif, le suit encore, et en le
prenant par-dessous, il s'insinue entre le liquide, et
la surface inférieure du corps, qu'il enveloppe plus ou
moins complétement, selon les circonstances, d'où dépendent tous ces mouvemens.

Ce que nous venons de dire , est analogue à la manière , dont les vents soulèvent de la surface de la terre, et emportent des corps même très-lourds , qui se trouvent sur leur passage. Ainsi lorsque le corps sera parvenu à un point M', l'air occupera un espace postérieur et contigu , tel que XYZ. Mais pendant que le mobile s'avance dans l'eau , suivi par l'air, les lames du liquide qui avaient été élevées au-dessus de leur horizon , retombent pour se remettre de niveau : par-là elles empêchent l'air de s'échapper latéralement , et en conservent la direction , ainsi que la densité , qui est dûe , dans les premiers instans , à la vîtesse avec laquelle il s'est enfoncé dans le liquide.

3. Nous n'avons considéré dans ce qui précède, que l'air qui suit le mobile , et qui s'enfonce après lui dans l'eau. Pour embrasser tout ce qui a vraiment lieu dans la nature, considérons aussi la couche d'air attrapée entre les surfaces du corps et du liquide. On peut concevoir que cette couche , pendant que le mobile parvient de M en M' , se comporte de la manière suivante. Dès que le corps frappe la surface de l'eau , l'air adhérent aux deux surfaces en contact, est fortement comprimé, et enveloppé par le liquide pour toute la partie submergée du corps. Dès que cette compression, produite par le choc du corps et par la résistance du liquide, est assez forte pour forcer l'air compris entre les deux surfaces , à déployer son élasticité; celui-ci se détache des surfaces , et s'échappe par l'endroit qui lui pré-

sente plus de facilité. Mais pendant ce tems, le corps continuant à glisser le long de la ligne MKM', et de nouvelles zones de sa surface plongeant dans le liquide, l'air adhérent se comprime de plus en plus. D'après cela il est aisé de voir, qu'une partie de l'air comprimé s'échappera latéralement ; tandis que l'autre partie aura plus de facilité à se porter vers la surface postérieure du mobile, où elle se mêlera au volume d'air condensé qui se trouve en XYZ.

4. Dans cet état, les forces comprimantes venant bientôt à diminuer, le ressort de l'air XYZ se developpera à son tour, et chassera avec impétuosité le corps et les eaux qui l'environnent. Soit F le point par où passe la résultante de toutes les actions de l'air sur le corps, et FM' sa direction, que nous supposerons dans le plan vertical de la route du corps, et passant par son centre. Représentons par M'Q la vîtesse qui reste au corps, suivant la direction de son mouvement réfracté, et par M'P celle que lui imprime l'élasticité de l'air: la diagonale M'R du parallélogramme M'QRP représentera la vîtesse et la nouvelle direction, que prendra le mobile, en vertu des actions combinées de sa vîtesse propre et de l'impulsion de l'air XYZ.

5. D'après cela on voit, que si la résultante M'R est assez grande, et convenablement dirigée, le projectile sera lancé hors du liquide, et paraîtra se réflechir au-dessus de sa surface, en décrivant la ligne M'RM": mais, si par l'angle d'incidence peu oblique

(*fig.* 3); ou par le peu de vîtesse de projection du corps , et , par conséquent , par le peu d'elasticité de l'air XYZ (*fig.* 4) , la résultante M'R n'a pas la direction et la grandeur nécessaires pour relever le corps au-dessus de l'horizon et pour le lancer hors de la surface de l'eau, le ricochet n'aura pas lieu ; ce qui est conforme à l'observation.

.6. Les circonstances qui produisent et accompagnent le phénomène , telles que l'enfoncement du corps dans l'eau , sa déviation , l'insinuation de l'air , sa condensation , et le développement de son ressort , se succèdent si rapidement , et se font dans un intervalle de temps si court , qu'il n'est pas surprenant , si plusieurs Physiciens ont confondu ce phénomène avec la réflexion ordinaire des corps élastiques. Cette illusion devient d'autant plus séduisante , que le ricochet peut se produire , et même plus facilement , sans que le corps s'enfonce tout-à-fait sous la surface de l'eau , ainsi qu'on peut s'en convaincre par l'observation , et en appliquant à la fig. 2.de les mêmes raisonnemens que nous avons faits sur la fig. 1.ère Ces ricochets présentent à la vérité une réflexion , dont cependant la cause ne réside point dans l'élasticité de l'eau , ni dans celle du corps , mais dans l'air , qui en est le véritable agent intermédiaire.

7. Il est maintenant facile de voir , pourquoi l'obliquité de l'angle d'incidence , et une certaine vîtesse du projectile , sont , en général , les conditions les plus essentielles pour produire le ricochet. En effet , à me-

sure que l'obliquité d'incidence augmente (*fig.* 2.de)
la direction M'Q du mouvement réfracté se rapproche
davantage de l'horizontale, et le volume d'air XYZ
enveloppe d'une manière plus complète la surface inférieure et postérieure du corps. Ces deux circonstances réunies donnent à la résultante M'R une direction
plus favorable pour produire le ricochet. Pareillement
la grandeur de la vîtesse, avec laquelle le mobile frappe
la surface de l'eau, augmente celle de l'air qui le suit,
aussi bien que la pression de la couche de ce fluide
qu'attrape le corps : par conséquent le volume d'air
XYZ éprouvera une plus forte compression, par laquelle
il déployera sur le corps un plus grand degré d'élasticité. On doit cependant observer, que la vîtesse du
mobile, et l'obliquité de son incidence peuvent, jusqu'à un certain point, se compenser mutuellement :
c'est-à-dire, que le ricochet peut également avoir lieu
en diminuant un peu la vîtesse du corps, et en aug-
mentant son obliquité, ou réciproquement ; Ce que
l'on verra mieux dans la suite.

8. Ces considérations servent aussi à rendre raison
de ce que l'expérience apprend à ceux qui s'amusent à
produire de semblables ricochets : C'est-à-dire, pourquoi
les pierres plates réussissent mieux que les cailloux
raboteux et de figure irregulière. Car les pierres plates
étant lancées par leur tranchant, perdent moins de
vîtesse en traversant l'atmosphère ; Elles arrivent donc
à la surface de l'eau, à égalité de force initiale de pro-

jection, avec plus de vîtesse, que celles qui présentent
une plus grande surface à l'air. Ainsi les couches de
ce fluide qui les suivent, pénètrent dans l'eau avec
plus de vîtesse, et s'y condensent davantage. De plus
les pierres plates, en frappant la surface du liquide avec
tout leur plan, à très-peu-près, ont le double avantage
et d'attraper d'une manière plus complète une plus
large couche d'air, et de s'enfoncer moins dans l'eau,
de sorte que la route réfractée en est plus rapprochée
de l'horizontale. Ces causes favorisent le parallélogramme des vîtesses, de manière à rendre la résultante plus
grande, et sa direction plus propre à produire le ricochet. Ajoutons que les cailloux raboteux et irrégu-
liers peuvent être regardés comme terminés par plusieurs plans différemment inclinés entr'eux ; Et il arrivera le plus souvent, que l'élasticité de l'air, en se dé-
ployant contre ces plans, se trouvera dirigée dans un
sens défavorable au ricochet.

9. La manière dont nous avons vu, que le fluide
atmosphérique se condense dans l'espace XYZ (*fig.*
1.ère), soit par l'air qui suit le corps, soit par la
couche attrapée entre les deux surfaces, est conforme
à ce qui a lieu dans la nature, et le ressort de l'air
comprimé par ces deux causes, peut devenir capable de
produire le ricochet. Cependant il est des cas, où l'une
d'elles l'emporte sur l'autre; et en effet il paraît que les
premiers ricochets des boulets de canon, qui rencontrent
avec une grande vîtesse la surface de l'eau, sont dûs prin-

cipalement à l'air qui s'enfonce après ces projectiles dans le liquide ; ce qui devient plus évident encore par leur figure sphérique, et par la grande obliquité avec laquelle ils frappent le liquide, ce qui les fait rouler sur la surface de l'eau pour un certain temps, pendant lequel la couche d'air comprimée entre les deux surfaces s'échappe et se mêle à celui qui suit le boulet dans le sillon qu'il laisse après lui.

Quant aux ricochets des pierres plates, ils semblent produits plus particulièrement par la large couche d'air qu'elles attrapent, et voici comment. Dans le cas où la pierre frappe très-obliquement la surface de l'eau (et ce n'est qu'alors que le ricochet est possible), la couche d'air comprimée tend, aussitôt après le choc, à se dilater, et par conséquent à s'échapper de dessous la pierre par l'endroit le plus facile, qui est visiblement vers son contour. Or, la pierre, par la nature de son mouvement, et par sa figure, prend après le choc, et conserve encore dans le liquide, une direction très-rapprochée de l'horizontale, et doit par conséquent, dans les premiers instants, entraîner la couche d'air dans le même sens. Ainsi l'issue de cette couche est empêchée vers la partie antérieure de la pierre par le mouvement dont nous venons de parler, et par le refoulement d'eau, qui a lieu à l'avant du corps. Il s'en suit, qu'elle ne peut se débarrasser de dessous la pierre, qu'en la soulevant pour s'échapper vers sa partie postérieure : d'après cela il est clair que la cou-

che aërienne imprime , par son explosion, un mouvement à la pierre de bas en haut, semblable au *recul* des
armes à feu, qui, combiné avec la vîtesse du mobile,
peut-être capable d'en produire le ricochet. Le calcul
eclaircira et confirmera ces considérations, qui ont lieu
également pour d'autres phénomènes dûs à la couche
d'air comprimée entre les deux surfaces, ainsi qu'on
va le voir.

Application des mêmes principes à l'explication d'autres phénomènes.

10. Considérons le cas dans lequel on laisse tomber
verticalement un corps solide , tel qu'une pierre , sur
la surface d'un liquide, de l'eau, par exemple, supposée stagnante. L'expérience prouve que la pierre ne
se réflechit pas ; mais on voit se former , à l'endroit
de la chute , une gerbe d'eau , qui s'élève plus ou moins
autour de la verticale qui en est l'axe. La pierre , en
frappant la surface de l'eau, attrape une couche d'air,
dont la compression est dûe à toute la vîtesse de la pierre
au moment du choc. Cette couche est , dans les premiers
instans , poussée vers le bas , par l'impétuosité de la
pierre : mais, son ressort devenant bientôt actif, et la
vîtesse de la pierre diminuant de plus en plus , elle
tend à se faire jour par l'endroit moins résistant, qui est
vers les bords de la pierre. Ainsi l'air s'échappera de
dessous le corps en se portant tout-à-l'entour vers sa

circonférence, et gagnant sa surface supérieure, il chassera avec force les lames d'eau qui l'enveloppent, et qui forment la gerbe verticale, que l'observation présente. Si la vîtesse de la pierre est considérable, l'air qui la suit, se mêle à la couche précédente, pour produire le phénomène dont il s'agit.

Nous avons supposé l'épaisseur de la pierre assez petite, et comparable à celle d'un disque : Si elle est grande, en sorte qu'on puisse regarder la pierre comme un long cylindre ou prisme vertical, qui frappe avec sa base la surface du liquide, et si de plus l'explosion de l'air comprimé se fait avant que le prisme soit totalement plongé dans le liquide, l'eau sera chassée tout-à-l'entour du corps selon des directions obliques à l'horizon, ce qui est conforme au raisonnement et à l'expérience.

D'après cela on voit qu'un corps solide, qui tombe par la verticale, ou par une direction peu oblique, sur la surface d'un liquide, n'est pas réfléchi par la couche d'air qu'il comprime, à cause de la facilité qu'elle a de s'échapper tout-à-l'entour, sans communiquer au corps une impulsion suffisante pour le lancer hors du liquide ; et l'on voit également, par la nature du phénomène, que la grandeur de cette impulsion et de son effet, dépend, tout étant d'ailleurs égal, de la plus ou moins grande obliquité, sous laquelle le mobile frappe la surface du liquide. Ajoutons que dans la chute verticale de la pierre, l'air qui la suit, s'oppose, par sa pression, à l'action de l'air comprimé sur la pierre ; tandis que, dans le cas d'une direction très-oblique, l'air qui suit la pierre, favorise cette action, comme il est facile de s'en convaincre. Ces détails nous ont paru nécessaires pour prévenir les difficultés qu'on aurait pu élever.

11. Pour rendre plus sensible encore la manière dont se comporte la couche d'air comprimée, imaginons un tube vertical, fermé par en bas, et ouvert à son extrémité supérieure. Supposons qu'à son fond soit logée une bulle d'air atmosphérique, et que le tube soit rempli d'un liquide quelconque, tel que de l'eau. Il est clair que la bulle éprouvera de la part de la colonne liquide une compression, qui, en diminuant son volume, en augmentera le ressort. Cela posé, si la bulle est libre, elle remontera le long de la colonne liquide, en se dilatant par des nuances insensibles, à mesure qu'elle s'avance vers le bout supérieur du tube, où étant arrivée, elle cessera de se dilater, et son volume aura la même densité que celle de l'air environnant. Le temps employé par la bulle à remonter le tube, mesure également celui qu'il lui a fallu pour reprendre, dans l'hypothèse précédente, son premier volume.

Supposons à présent, que dès que la bulle a été comprimée par la colonne liquide, cette même colonne s'anéantisse tout-à-coup, à l'exception d'une mince couche au-dessus de la bulle : il est visible, qu'en passant, dans ce cas, dans un temps très-court, et presqu'inappréciable, à son premier volume, la bulle d'air produira une véritable explosion, en vertu de laquelle elle imprimera un mouvement de projection à la couche liquide qui la recouvre.

Tel est le phénomène que présente la couche d'air attrapée par la chute d'un corps solide sur la surface d'un liquide. On peut censer que cette couche au moment du choc, est comprimée par une colonne liquide d'une certaine hauteur, qui s'évanouit aussitôt que la compression cesse sur la couche d'air : elle reprend ainsi subitement son premier volume, ce qui la fait éclater avec force, en chassant au loin les lames liquides qui l'enveloppent.

On voit également, par ce qui précéde, la différence remarquable qui passe entre le mouvement de la bulle d'air que nous venons de considérer, et celui d'un corps solide à travers d'un liquide spécifiquement plus pesant. La figure et le volume du solide étant constans, sa vîtesse s'accélère de plus en plus à mesure qu'il s'élève dans le liquide, en sorte qu'en arrivant à sa surface, le mobile est doué d'une certaine vîtesse, qui le porte à prolonger son mouvement au-delà de ce terme, ainsi que le calcul et l'expérience le démontrent.

12. En faisant tomber de la hauteur de 2 à 3 mètres une grosse pierre, de 25 centimètres de diamètre par exemple, dans un bassin d'eau assez profond,

3

l'effet de la couche d'air comprimée devient très-sensi-
ble., et l'on voit s'élever à l'endroit de la chute une
grosse gerbe d'eau, dont les gouttes supérieures sont
lancées à des hauteurs beaucoup plus grandes, que
celle d'où la pierre est tombée. Nous donnerons plus
bas, à l'aide du calcul, l'explication complète de ce
phénomène.

En faisant cette même expérience avec une petite
pierre dans un canal assez profond et sensiblement
horizontal, mais dont le courant ait une vîtesse comparable à celle de la pierre à son arrivée à la surface
de l'eau, on voit que l'explosion de l'air condensé,
poussé dans l'eau par la pierre, va se faire à une dis-
tance considérable de l'endroit de la chute. Cette expérience, qui est d'un effet très-agréable, met en évidence la manière, dont nous envisageons la production
de semblables phénomènes. Car la bulle d'air enfon-
cée dans l'eau par la pierre est aussitôt noyée, et
entraînée par le courant; mais, en vertu de sa légé-
reté et de sa force expansive, elle ne laisse pas, en
même temps, de remonter vers la surface du canal, en
décrivant une courbe convexe par rapport à son fond;
ce qui la porte à éclater loin de l'endroit de la chute.

13. La quantité et la hauteur du liquide qui rejaillit
par la chute d'un corps solide sur sa surface, doivent
dépendre de la viscosité du liquide, du volume et
de la compression de la couche d'air attrapée. Or ce
volume et cette compression dépendent évidemment

de l'adhérence de l'air à la surface des différentes
substances, de la figure du corps et de la vîtesse avec laquelle il frappe le liquide. Quoique d'après la théorie de
la résistance des fluides, le poids spécifique du corps
n'entre point dans la mesure de sa percussion avec le liquide, il est visible que dans notre cas on doit en tenir
compte : car le corps le plus pesant, tout étant d'ailleurs
égal, conserve plus long-temps sa vîtesse dans le liquide, et pousse, par conséquent, plus en avant la
couche d'air qu'il attrape, et en augmente la compression. Pour m'assurer de l'influence que ces circonstances exercent sur le rejaillissement des liquides,
j'ai entrepris les expériences suivantes, qui sont en
même temps très-propres à confirmer la cause de ce
phénomène.

14. *Expériences faites avec des corps solides tombant
sur de l'eau.* La hauteur de l'eau dans un vase de verre
cylindrique était de 13 centimètres, et le diamètre du
vase de 10 centimètres. La température était de 4 à 6
degrés de Réaumur. Les résultats sont les mêmes,
quelles que soient la substance et la figure du vase,
pourvu qu'on puisse regarder le liquide comme *indéfini* par rapport aux dimensions des corps qu'on fait
tomber sur sa surface.

Ire *EXPÉRIENCE. Influence de la vîtesse du solide à
son arrivée à la surface de l'eau, sur la hauteur à laquelle s'élèvent les gouttes qui rejaillissent.* En laissant
tomber de différentes hauteurs une boule sphérique

d'ivoire , bien lisse et sèche , de 12 millimètres de diamètre , j'ai eu les résultats suivans:

Hauteur de la chute.	Hauteur du rejaillissement.
10 centimètres . .	point de rejaillissement.
20	1 à 2 ⎫
30	4 ⎪
40	5 à 6 ⎬ centimètres.
50	8 à 9 ⎭

La goutte qui rejaillit est de 2 à 3 millimètres de diamètre , et tout-à-fait détachée du petit cône liquide qui s'élève à l'endroit de la chute.

II.e *EXPÉRIENCE. Influence du poids spécifique.* Je me suis servi d'une balle de plomb, recouverte d'une mince couche de cire , et d'une balle de cire pure : elles étaient égales, arrondies à la main , et de 12 millimètres de diamètre.

Avec la balle de plomb, recouverte de cire , et sèche,

Hauteur de la chute.	Hauteur du rejaillissement.
20 centimètres . . .	100 centimètres.

Avec la balle de cire , également sèche.

20 centimètres	50 à 60 centimètres.

Le liquide rejaillit sous la forme d'une gerbe verticale cônique , dont les gouttes supérieures sont lancées aux hauteurs notées.

III.e *EXPÉRIENCE. Influence de la substance qui forme la surface extérieure des corps , ayant d'ailleurs même figure, poids et vîtesse.* Avec la balle précédente de plomb, recouverte de cire , et sèche ,

Hauteur de la chute.   Hauteur du rejaillissement.

20 centimètres . . . 100 centimètres.

Avec une pareille balle de plomb , non recouverte de cire , et sèche ,

20 centimètres . . . 5o à 6o centimètres.

Avec cette dernière balle, frottée et échauffée assez long-tems entre les paumes des mains, immédiatement avant sa chute ,

20 centimètres . . . 1 à 2 centimètres.

Avec la même balle mouillée avec de l'eau ,

20 centimètres . . . rejaillissement de très-petites gouttes, qui s'éparpillent tout-à-l'entour de l'endroit de la chute.

Par cette expérience on rend très-visible la grande quantité d'air , qu'entraîne la balle de plomb , mouillée d'eau : car outre celui qui s'échappe latéralement , et qui fait rejaillir les petites gouttes , on voit , après la chute, que de grosses bulles s'en élèvent de l'intérieur du vase et remontent vers la surface du liquide.

Avec une semblable balle de plomb , dont la surface avait été rendue très-raboteuse par un grand nombre de piqûres faites avec une pointe d'acier ,

Hauteur de la chute.   Hauteur du rejaillissement.

20 centimètres . . . 100 centim. et au-delà.

la gerbe qui rejaillit , est très-large vers sa base.

IV.e *Expérience. Influence de la figure et des dimensions des corps.* Avec une boule de cire de 23 millimètres de diamètre, arrondie à la main , et sèche ,

Hauteur de la chute.   Hauteur du rejaillissement.

20 centimètres . . . 5o à 6o centimètres.

Cette hauteur est égale à celle de l'expérience II.ᵉ, faite avec une boule de cire de 12 millimètres de diamètre: mais avec la boule de 23 millimètres, la gerbe d'eau est beaucoup plus grosse. En faisant tomber cette boule des hauteurs de 5, 10, 15, etc. centimètres; on voit, à travers le vase, que les bulles d'air, entraînées par la boule, deviennent de plus en plus volumineuses, à mesure que la vîtesse de la boule augmente; ce qui confirme l'influence de la vîtesse, déjà prouvée par l'expérience I.ʳᵉ.

Avec un disque de zinc de 39 millimètres de diamètre, et de 3 millimètres d'épaisseur, tombant de manière à frapper avec sa base la surface de l'eau,

Hauteur de la chute.   Hauteur du rejaillissement.

6 à 7 centim. . . . 100 centim. et au-delà.

Avec un disque semblable de cuivre de 3o millimètres de diamètre, et de 3, 5 millimètres d'épaisseur,

Hauteur de la chute.   Hauteur du rejaillissement.

10 centimètres . . . 15o centimètres.

la gerbe d'eau qui s'élève est très-considérable.

En recouvrant légèrement de sable fin noir, la surface d'une boule de cire, et en la laissant tomber sur de l'eau, le liquide qui rejaillit, emporte avec lui des grains de sable, ainsi que je m'en suis assuré en faisant passer promptement une bande de carton sous la gerbe pour en recevoir les gouttes. Cette expérience montre la manière, dont la couche d'air se dégage de dessous le corps, ainsi que nous l'avons expliqué dans le N.º 10.

15. De semblables expériences, faites sur de l'huile d'olive, contenue dans le même vase, et dont la température était un peu au-dessus de son degré de congélation, m'ont donné les résultats suivants :

V. *Expérience. Influence de la vitesse.* Avec la boule d'ivoire de l'expérience I.ᵉ,

Hauteur de la chute.	Hauteur du rejaillissement.	
5 centimètres . .	8 à 10	
10 60		centimètres.
20 . . . . 70 à 80		

Le rejaillissement se présente ici sous la forme d'une très-belle gerbe d'huile, verticale, unie et de figure cônique très-alongée. Les gouttes supérieures, qui deviennent de plus en plus petites à mesure que la gerbe s'élève, sont lancées, en se détachant, aux hauteurs précédentes. Une pareille gerbe s'est toujours montrée dans les expériences suivantes; et la différence d'une gerbe à l'autre ne consiste que dans les grosseurs et hauteurs respectives. Dans cette expérience la boule d'ivoire sèche, ou mouillée avec de l'huile, présente à-peu-près, les mêmes phénomènes.

VI. *Expérience. Influence du poids spécifique.* Avec une balle de plomb, recouverte d'une mince couche de cire (la même que celle de l'expérience II.ᵉ),

Hauteur de la chute.	Hauteur du rejaillissement.

3 centimètres . . . 8 à 10 ⎫
5 . . . . 10 ⎬ centimètres.
10 . . . . 60 ⎪
20 . . . . 100 ⎭

Avec une semblable balle de cire pure,

3 centimètres . . insensible.
10 . . . . 1 à 2 centimètres sans
se détacher de la surface
de l'huile.
20 . . . . 10 centimètres.

Dans cette expérience, les balles sèches ou mouillées avec de l'huile, donnent les mêmes résultats.

VII.ᵉ *Expérience. Influence de la substance, qui forme la surface extérieure des corps.* Avec la balle de plomb, recouverte de cire, employée dans l'expérience précédente, mêmes résultats que ceux déjà rapportés.

Avec une semblable balle de plomb sans aucun enduit sur sa surface,

Hauteur de la chute.	Hauteur du rejaillissement.

3 centimètres . . 8 à 10 ⎫
5 . . . . 10 à 15 ⎬ centimètres.
10 . . . . 70 à 80 ⎪
20 . . . . . 100 et au-delà. ⎭

Avec une semblable balle de plomb, dont la surface était très-raboteuse (Voyez l'expérience III.ᵉ)

Hauteur de la chute.	Hauteur du rejaillissement.
5 centimètres .	5o
10	90 à 100 } centimètres.
20	120 à 130 }

Dans ces expériences, les balles de plomb sèches ou mouillées d'huile, ont donné le même rejaillissement, à-peu-près.

VIII.ᵉ EXPÉRIENCE. *Influence de la figure et des dimensions des corps.* Avec la balle de cire de l'expérience VI.ᵉ, mêmes résultats, qu'on peut voir.

Avec la boule de cire de l'expérience IV.ᵉ,

10 centimètres . .	6o à 70 } centimètres.
20	100 }

16. Les résultats de ces expériences démontrent d'une manière non équivoque l'influence qu'exercent sur le rejaillissement des liquides, l'adhérence de l'air à la surface des diverses substances, la figure, la vîtesse le poids spécifique du corps qui frappe le liquide, et la viscosité du liquide même. Les modifications que ces circonstances apportent au rejaillissement, sont autant de faits, qui concourent à prouver, que le ressort de la couche aërienne comprimée entre les surfaces du corps et du liquide, est la vraie cause de ce phénomène. Mais l'élasticité de l'air n'agit pas ici comme un ressort ordinaire, interposé entre les surfaces du corps et du liquide, sa manière d'agir est très-différente, et beaucoup plus puissante: elle se rapporte à la théorie du mouvement des fluides élastiques, qui

4

s'échappent par l'extrémité d'un tuyau, au fond duquel ils ont d'abord été comprimés. C'est ainsi que la couche aërienne comprimée par la boule de cire de l'expérience II.ᵉ produit un rejaillissement d'eau, 20 ou 30 fois plus considérable que si la couche n'agissait que comme un ressort ordinaire doué d'une élasticité parfaite. Nous reviendrons sur ce phénomène à l'aide du calcul.

17. Des considérations semblables ont lieu pour le rejaillissement des gouttes qui tombent sur des liquides: c'est-à-dire que ce rejaillissement est également dû au ressort de l'air attrapé entre la surface de la goutte, et celle du liquide, et qu'il dépend des mêmes circonstances rapportées au n.º 12. J'ajouterai ici quelques expériences que j'ai faites sur cet objet. La température était la même que dans les expériences précédentes.

IX.ᵉ *EXPÉRIENCE. Avec une goutte d'eau tombant sur de l'eau.* La goutte était de 4 à 6 millimètres de diamètre. En tombant de 6 à 8 centimètres, elle rejaillissait de 1 à 2 centimètres. En tombant de 30 centimètres, le rejaillissement était de 4 à 5 centimètres. La goutte qui rejaillit, est unie et un peu moindre que celle qui tombe; mais d'autres gouttes très-petites qu'on voit quelquefois rejaillir avec celle-ci, s'élèvent davantage.

En faisant tomber un volume d'eau, plus grand que celui des gouttes qui se forment naturellement à l'extrémité des corps, le rejaillissement est, sans comparaison, plus considérable. Ainsi en remplissant d'eau une cuiller ordinaire, et en la tournant brusquement pour faire tomber l'eau toute d'une pièce, j'ai eu les résultats suivans :

Hauteur de la chute	Hauteur du rejaillissement.
5 centimètres . . 25	} centimètres.
10 . . . . 60 à 80	

une grosse gerbe d'eau s'élève à l'endroit de la chute.

X.ᵉ EXPÉRIENCE. *Avec une goutte d'eau tombant sur de l'huile d'olive.* Tant que la température de l'huile était peu au-dessus de sa congélation, la goutte d'eau ne rejaillissait point. En chauffant médiocrement l'huile, la goutte rejaillissait de 3 à 6 centimètres, en tombant de 20 à 30 centimètres de hauteur. On voit par cette expérience, que la chaleur en diminuant la viscosité de l'huile, empêche la goutte d'eau de s'y attacher assez fortement, pour que le ressort de la couche d'air ne puisse la soulever. On voit encore, que c'est vraiment la goutte d'eau elle-même qui rejaillit; effet produit par la double opération de la couche d'air comprimée, qui en même temps qu'elle tient la goutte séparée de l'huile, la rend, peut-être, aussi spécifiquement plus légère, et en la repoussant ensuite par son ressort, la fait rejaillir.

XI.ᵉ EXPÉRIENCE. *Avec une goutte d'huile tombant sur de l'eau.* Le rejaillissement n'a pas eu lieu. La goutte d'huile paraît se relever de 4 à 5 millimètres, mais sans se détacher de la surface de l'eau.

XII.ᵉ EXPÉRIENCE. *Avec une goutte d'huile tombant sur*

de l'huile. Point de rejaillissement, même à des tem-
pératures différentes.

XIII.ᵉ *EXPÉRIENCE. Avec une goutte d'encre tombant
sur de l'eau.* En tombant de 3o centimètres, la goutte
d'encre rejaillissait de 2 à 3 centimètres. On voit encore
ici que c'est vraiment la goutte d'encre elle-même qui
rejaillit.

Il résulte de ces expériences, que la goutte liquide
qui rejaillit, est la même que celle qui tombe; ce
qu'on peut d'ailleurs concevoir facilement. Car la goutte
en tombant sur le liquide, s'ecrase, et s'étend sur sa
surface, en perdant en épaisseur ce qu'elle gagne en
largeur. Sa vîtesse est par là éteinte plus promptement,
et la profondeur à laquelle la goutte s'enfonce, peu
considérable en elle-même, est plus grande vers son
centre, que vers ses bords. Ainsi le petit creux qui
se forme au-dessus de la goutte, donne à la couche
d'air comprimée, plus de facilité à emporter une partie de la goutte même, en la soulevant par son milieu, qu'à se faire jour à travers le liquide environnant. Ajoutons que cette opération est sans
doute favorisée par la pression latérale du liquide sur
la goutte, qui, étant enveloppée par une conche d'air,
représente un corps séparé, spécifiquement plus lé-
ger que le liquide environnant.

18. Je rapporterai ici un phénomène, assez piquant
par lui-même, qui tient immédiatement à l'objet de
ce mémoire. Soit ABCD *(fig. 5)* un vase rempli

d'eau jusqu'en AD. Si l'on y plonge un plan solide et
immobile AS, incliné à l'horizon, ainsi que la figure
le représente, on trouvera une certaine verticale GQ
telle, qu'en y laissant tomber une goutte G, le rejaillissement se fera par la courbe QER, savoir du côté
de l'angle aigu formé par la verticale et par le plan.
Si l'on fait tomber la goutte par une autre verticale
située vers l'extrémité S du plan, le rejaillissement se
fait par la verticale elle-même, comme dans les expériences rapportées précédemment.

Par ce fait il résulte, que le rejaillissement de la
goutte n'est point dû à la surface du liquide contenu
dans le vase, ni à l'élasticité du plan AS; car dans le
premier cas il devrait se faire sur la verticale, et dans
le second sur la ligne QF. L'explication en est facile, si l'on observe, que ce phénomène n'arrive que
lorsque le point Q est seulement à une telle profondeur de la surface AD, que la goutte G parvient encore à frapper le plan AS avant que l'explosion de la
couche d'air comprimée ait lieu. Ainsi la goutte et la
couche aérienne viennent s'écraser contre le plan au
point Q; et comme, par ce que l'on vient de dire,
le mouvement de la goutte n'est pas encore tout-à-fait
éteint, elle tendra à glisser ou à rouler sur le plan
AS; par là la couche d'air trouvera une issue plus
facile dans l'angle GQA, et en s'echappant de ce côté,
elle produira le rejaillissement, tel que l'expérience le
présente.

19. Divers autres phénomènes s'expliquent d'une manière également simple et satisfaisante par les principes développés jusqu'ici. Ainsi les bulles qui se forment à l'occasion des pluies sur la surface des eaux, et disparaissent tour-à-tour pour faire place à d'autres, sont l'effet des couches d'air attrapées et comprimées par les gouttes, qui en se dilatant ensuite, se trouvent enveloppées de matières grasses et visqueuses surnageant sur la surface des eaux, où ces bulles se forment plus ordinairement. Pareillement des lames d'eau sont lancées par-ci par-là, lorsque les flots des fleuves, et les vagues de la mer viennent se briser avec force entre elles ou contre les rivages : l'explosion de l'air qu'elles attrapent, est la cause principale de ce phénomène. Le bouillonement des liquides, lorsque une veine liquide, éparpillée par la résistance de l'air, se jette avec vîtesse sur leur surface, est totalement dû à ce fluide entraîné par la veine, qui en remontant rapidement à la surface, chasse avec violence des gouttes tout-à-l'entour : ce phénomène, qui a lieu pour des liquides très-visqueux, et très-pesans, comme l'huile et le mercure, est analogue à celui des *cascades*, qui a été expliqué par le savant Physicien Venturi dans ses belles *recherches sur le principe de la communication latérale du mouvement dans les fluides. (a)*

Il est également facile de rendre raison de la grande

(a) Pag. 45.

quantité d'eau, qui est lancée tout-à-l'entour, à des hauteurs et à des distances considérables, lorsqu'un solide frappe, sous une direction quelconque, la surface de ce liquide : car l'air comprimé agit par son explosion dans tous les sens, et se combine avec l'impulsion du corps, pour chasser loin le liquide qui l'environne. Nous terminerons ici le détail et l'explication de semblables phénomènes, en remarquant que pour connaître, dans l'état physique des choses, la vraie route d'un projectile, qui de l'atmosphère passe obliquement dans l'eau, avec une certaine vîtesse, il est indispensable d'avoir égard à l'action, que le ressort de l'air, qui s'enfonce dans l'eau, exerce sur le mobile; dont la déviation dépend par conséquent de son mouvement primitif, de la résistance du nouveau milieu, et de l'impulsion qu'il reçoit de l'air comprimé, au moment où celui-ci éclate.

Théorie analytique des ricochets qui se font à la surface des eaux.

20. Après avoir exposé avec détail les raisonnemens et les expériences, qui paraissent les plus propres à prouver la vérité des principes, d'où nous faisons dépendre la cause des ricochets; nous nous proposons de faire voir par le calcul, que l'air peut réellement, dans certaines circonstances, se condenser entre les surfaces du mobile et du liquide, au point de devenir capable d'imprimer, par le developpement de son

ressort , à un boulet de canon , ou à une pierre une vîtesse suffisante , et convenablement dirigée , pour en produire le ricochet. Ce calcul, en apportant aux rai- sonnemens qui précèdent plus de précision et de clarté , aura l'avantage de donner la mesure du phénomène , et de faire connaître les limites au-delà desquelles il ne peut avoir lieu.

Nous supposerons , pour plus de simplicité , que le ricochet se fait, au moins sensiblement , dans le plan vertical de la route primitive du mobile. Il est visible que si la résultante de la vîtesse imprimée par l'air au corps , et de la résistance que le liquide lui oppose , est dans un plan différent , le ricochet sort du premier plan , ainsi qu'il arrive quelquefois, particulièrement aux pier- res , à cause de leur figure : mais il est également vi- sible , que ce cas n'apporte aucun changement à la marche du calcul, si ce n'est qu'il le rend un peu plus compliqué, par la considération d'un plus grand nombre d'angles dont il faut tenir compte.

Soit (*fig.* 6.)

V la vîtesse du projectile à son arrivée à la surface de l'eau :

α L'angle de sa direction réfractée, avec la surface de l'eau, supposée sensiblement horizontale et stagnante:

$V' = M'Q$, la vîtesse du corps dans l'eau , et au moment de l'explosion de l'air condensé :

$v = M'P$, la vîtesse imprimée au corps par l'ex- plosion de l'air condensé :

β = EM'F, l'angle que fait la direction de la vîtesse v avec l'horizontale menée par le centre du mobile supposé sphérique, et située dans le plan vertical
de son mouvement.

Les vîtesses sont relatives à la seconde sexagésimale
que nous prendrons pour unité de temps, et les angles
sont exprimés en anciens degrés.

Ayant achevé le parallélogramme M'PRQ, on aura
pour l'expression de la vîtesse résultante du corps,
après l'explosion de l'air,

$$M'R = \sqrt{V'^2 + v^2 + 2 v \, V'\cos.(\beta + \alpha)} :$$

maintenant, si par le centre M' du mobile on conçoit
une verticale et une horizontale, de sorte que leur
plan soit celui du mouvement du corps, il faut,
pour que le ricochet puisse avoir lieu, que la diagonale M'R tombe dans l'angle TM'V : Nommons ω
l'angle TM'R que la diagonale fait avec l'horizontale ;
on aura

$$\tan g \, \omega = \frac{v \sin.\beta - V'\sin \alpha}{v \cos \beta + V'\cos.\alpha} ;$$

équation qui renferme toute la théorie des ricochets ;
les différentes relations que peuvent avoir entre elles
les quantités qui la composent, donnent directement
les limites dans lesquelles seules les ricochets sont
possibles, ainsi que nous allons le voir.

21. Il est d'abord visible, que pour le succès du phénomène l'angle ω doit être plus grand que zéro, et compris

34

dans le premier quart de la circonférence. Or la valeur précédente de tang.ω peut être positive, nulle ou
négative, selon les différentes valeurs de V', ν, α et
β. Pour fixer les idées et pour trouver plus facilement les limites dont il s'agit, supposons en premier lieu, que les trois quantités V', ν et α, soient
données et que de plus ν < V', et cherchons dans ces
hypothèses les limites de l'angle β capable de produire
le ricochet, c'est-à-dire qui rendent ω positif, et compris
dans le premier quart de la circonférence. On pourrait
facilement déduire ces limites par des opérations ana-
lytiques sur l'expression de tang.ω : mais nous préfé-
rerons ici des constructions géométriques qui semblent
jeter un plus grand jour sur cette théorie.

Soit TE (*fig.* 7) l'horizontale passant par le centre
M', et située dans le plan vertical de la route du mobile, qui plonge en partie, ou entièrement dans l'eau.
Soit représentée par M'Q la vîtesse V' du corps à
l'instant que l'on considère, et par M'P'=M'P''=M'P'''=
etc. la vîtesse ν, imprimée par l'explosion de l'air au
mobile, dans le même instant ; et enfin par R'M'Q
l'angle α que fait la route réfractée du corps avec
l'horizontale. Ces quantités sont, par hypothèse, données
et invariables ; il s'agit de trouver dans quelles limites
doivent être compris les angles β , pour que la vîtesse
ν agisse sur le mobile d'une manière favorable à produire le ricochet.

Du point Q , avec un rayon égal à ν soit décrite la

circonférence R'R''R'''C, qui sera le lieu géométrique
de l'extrémité des diagonales M'R', M'R'' etc., des
divers parallélogrammes qu'on peut faire, en variant
seulement l'angle β formé par la vîtesse *v* avec l'horizontale. Or l'inspection de la figure et le raisonnement
montrent, que parmi toutes les directions de *v*, les
seules favorables au ricochet sont celles, qui font
tomber sur l'arc R'R''R''' le point extrême de la diagonale : mais de cet arc on doit encore, par la nature
même de la chose, retrancher la partie R''R''': car
lorsque la diagonale aboutit à un point quelconque
de l'arc R''R''', la vîtesse *v* est dirigée dans un sens
contraire au mouvement du corps, ainsi qu'il est
représenté par M'P'''; ce qui en général ne peut arriver, vu la manière dont l'air se porte à occuper
l'espace XYZ (n.° 2). Ainsi, de toutes les directions
possibles de *v*, on ne doit tenir compte que de celles
qui appartiennent à l'arc R'R''. On voit pareillement
que l'angle β' qui correspond au point R', ne peut
pas servir pour la production du ricochet, puisque
dans ce cas la résultante devient horizontale. Enfin
l'angle β'+β'', qui rend la diagonale M'R'' tangente à
l'arc R'R''R''', donne le *maximum* pour ω.

22. Les expressions de β' et β'+β'' feront donc connaître les limites des angles β favorables au ricochet.

Or on a (*fig.* 7.)

$$\sin.\beta = \frac{V'}{v}.\sin.\alpha \ ;$$

$$\sin. (\beta'+\beta'')=\frac{\upsilon.\sin \alpha+\cos \alpha.\sqrt{V'^2-\upsilon^2}}{V'} \quad :$$

la valeur de β' répond à $\omega=0°$; celle de $\beta'+\beta''$ donne le maximum pour ω, qui est déterminé par l'équation

$$\tan.\omega=\frac{\upsilon-\tan.\alpha \sqrt{V'^2-\upsilon^2}}{\upsilon.\tan\alpha+\sqrt{V'^2-\upsilon^2}};$$

partant les angles β, favorables au ricochet, sont compris entre

$$\beta'=\text{arc.sin.}\left\{\frac{V'}{\upsilon}.\sin.\alpha\right\};$$

et

$$\beta'+\beta''=\text{arc.cos.}\left\{\frac{-\upsilon}{V'}\right\}-\alpha .$$

Maintenant, si parmi les quantités V', υ, α et β, trois autres quelconques en sont données, et qu'on veuille les limites de la quatrième, on trouvera, en connaissant V', υ et β,

$$\sin.\alpha < \frac{\upsilon.\sin \beta}{V'} \quad ;$$

en se rappelant que α est en même temps moindre que $90°$, d'après les constructions précédentes.

Si V', β et α sont données, on aura

$$\upsilon > \frac{V'.\sin \alpha}{\sin.\beta};$$

et

$$V' < \frac{\upsilon.\sin \beta}{\sin.\alpha},$$

si υ, β et α sont données.

Telles sont les limites, ou les relations qui doivent avoir lieu entre ces diverses quantités, pour que le

ricochet soit possible. La construction et les formules
qui précèdent, supposent $v < V'$; c'est effectivement
ce qui paraît avoir lieu pour les premiers ricochets
des boulets de canon et des pierres lancées obliquement
et avec force sur la surface de l'eau : mais dans les ricochets successifs il peut se faire, et il doit même
arriver souvent, particulièrement pour les pierres, que
$v > V'$; par conséquent la construction et les formules
précédentes ne pouvant plus servir dans ce cas, nous
allons déterminer par une méthode semblable les limites analogues, relatives à $v > V'$.

23. Soit donc (*fig.* 8) $v = MP' > V' = M'Q$; ayant
fait une construction semblable à celle du n.° 21, supposons que les quantités V', v et α soient données,
et cherchons les limites de β favorables au ricochet.
Il est clair que le corps, tant que les diagonales des divers
parallélogrammes des vîtesses vont aboutir à l'arc
$R'R''R'''$, pourra rejaillir de la surface du liquide : mais si l'on tire la verticale $M'R''$, on voit que
les résultantes qui terminent à l'arc $R''R'''$ feraient réfléchir le corps selon une direction que l'observation ne
présente jamais, quoique elle ne soit pas absolument
impossible. Ainsi nous prendrons l'arc $R'R''$ comme le
seul favorable au ricochet. Or l'angle β', qui correspond au point R', est donné par l'équation

$$\sin. \beta' = \frac{V'. \sin \alpha}{v};$$

et dans ce cas on a $\omega = 0°$: l'angle $\beta' + \beta''$, qui correspond au point R″, est donné par l'équation

$$\cos.(\beta'+\beta'')= - \frac{V . \cos . \alpha}{\nu} \ ;$$

et dans ce cas on a $\omega = 90°$. Par conséquent les angles β favorables au ricochet sont compris entre

$$\beta' = \text{arc. } \sin. \left\{ \frac{V.' \sin. \alpha}{\nu} \right\},$$

et

$$\beta' + \beta'' = \text{arc. } \cos. \left\{ \frac{-V.' \cos. \alpha}{\nu} \right\}.$$

Si les quantités V', ν et β sont données, on aura

$$\sin. \alpha < \frac{\nu . \sin. \beta}{V'},$$

α étant en même temps $< 90.°$ Si V', α et β sont données, il faut que

$$\nu > \frac{V.' \sin \alpha}{\sin \beta}.$$

Enfin si ν, α et β sont données, on doit avoir

$$V' < \frac{\nu . \sin \beta}{\sin . \alpha}.$$

On a ainsi les limites des quantités V', ν, α et β, entre lesquelles le ricochet est possible, dans le cas de $\nu > V'$. Si $\nu = V'$, ce qui n'arrivera que très-rarement, on peut se servir indifféremment des formules de ce numéro, ou du précédent, qui dans ce cas deviennent égales.

24. Considérons enfin le cas, dans lequel le corps tombe verticalement sur la surface du liquide : on a vu dans le n.° 17, que des gouttes d'eau, d'encre etc., en tombant sur des liquides, rejaillissent par la verticale, et que par conséquent ce phénomène est un vrai ricochet. Dans ce cas on a

$$\alpha = 90°;$$

et les formules du n.° 20 deviennent

$$M'R = \sqrt{V'^2 + v^2 - 2.vV'.\sin.\beta};$$

$$\tan.\omega = \frac{v\sin.\beta - V'}{v.\cos.\beta}:$$

si $\beta = 90°$, comme cela a lieu pour les gouttes liquides qui tombent et rejaillissent par la même verticale, les équations précédentes se transforment en celles-ci

$$M'R = \pm(V' - v);$$

$$\omega = 90°.$$

D'où il résulte, que pour que la goutte soit réfléchie, il est nécessaire que $v > V'$; ce qui a effectivement lieu, car le mouvement de la goutte est sensiblement éteint au moment où la couche d'air comprimée développe son ressort. Il faut de plus que la vîtesse v puisse vaincre l'adhésion, qui peut exister entre la goutte et le liquide. Si l'angle β n'est pas droit, le rejaillissement se fera par une ligne oblique à l'horizon, ainsi que cela arrive dans le phénomène rapporté au n.° 18, et à ces petites gouttes détachées, qui sont lancées tout-à-l'entour de l'endroit où le corps tombe; ce qui est encore conforme à l'observation.

25. Il nous reste maintenant à examiner, si dans le fait l'air se condense à un degré suffisant, pour que la vîtesse qu'il communique à un boulet de canon, par exemple, soit capable de le relever au-dessus de l'horizon, et de le lancer hors de la surface de l'eau.

Pour cela nous rappelerons ici, qu'en général la couche d'air attrapée entre les deux surfaces, et le vent qui, en suivant le corps, s'enfonce après lui dans le liquide, concourent, par leur action, à produire le ricochet; mais que l'une de ces deux causes peut l'emporter sur l'autre, selon les différentes circonstances. Ainsi pour simplifier les calculs, nous ne considérerons à la fois que la condensation de l'air produite de l'une ou de l'autre de ces deux manières; et il est clair, que si l'on trouve son ressort suffisant pour lancer le mobile hors de la surface de l'eau, la condensation negligée ne sera que plus favorable à la vérité du résultat. Nous supposerons donc, d'après les motifs rapportés au n.° 9, que les premiers ricochets des boulets de canon sont dûs principalement à l'air qui s'enfonce après eux dans le liquide, et qui en enveloppe la surface inférieure et postérieure.

Des Ricochets des boulets de Canon sur la surface de l'eau.

26. Pour voir si la vîtesse du boulet, à son arrivée à la surface du liquide, est assez grande pour que l'air qui le suit et s'enfonce après lui dans l'eau, s'y condense de manière, que son impulsion sur le boulet soit capable d'en produire le ricochet; nous observerons, qu'un corps qui se meut dans l'atmosphère, près de la surface de la terre, avec une vîtesse moin-

dre que 4o3 mètres par seconde, en prenant l'état moyen de l'atmosphère terrestre, ne laisse pas de vide après lui. Or un boulet de canon, à sa sortie de la pièce, peut avoir dans les cas les plus ordinaires, une vîtesse initiale de 3oo à 7oo mètres; vîtesse qui en traversant l'atmosphère pour une certaine étendue, ne tarde pas à diminuer considérablement; en sorte qu'on ne s'éloignera pas de la vérité, en supposant que la vîtesse de ces projectiles, dont on a observé les ricochets, ne surpassait pas 4o3 mètres, au moment de leur choc contre la surface de l'eau. Ainsi dans cette hypothèse, l'air qui suit le corps, s'enfoncera aussi dans le liquide immédiatement après lui, et s'y condensera en vertu de la vîtesse dont il est doué.

Supposons à présent que le boulet arrive à la surface de l'eau avec une vîtesse plus grande que 4o3 mètres : il est également aisé de se convaincre, que l'air aura le temps nécessaire pour se précipiter dans l'eau immédiatement après le corps, et pour s'enfoncer dans l'entonnoir que le mobile forme après lui sur la surface du liquide. Car si l'on suppose que les lames d'eau, soulevées latéralement par le corps, employent $\frac{1}{2}$ seconde avant que de retomber, et d'envelopper le boulet; l'air, pendant ce temps, peut parcourir dans le vide, tel que nous supposons ici l'espace contigu et postérieur au corps, 2o3 mètres : et si l'on veut que les couches d'eau n'employent qu' $\frac{1}{4}$ de seconde à retomber, l'air dans ce temps peut encore parcou-

6

rir 100 mètres, à très-peu-près. Par conséquent quelque bref que soit le temps, que les couches d'eau
emploient à retomber et à se remettre de niveau; l'air
aura toujours assez de vîtesse pour arriver immédiatement au corps et pénétrer après lui dans le liquide, en
faisant attention que le mouvement du corps est tout-
à-coup retardé par la résistance de l'eau qu'il frappe et
qu'il déplace. On peut remarquer, que si ce cas a lieu (et
en effet il n'est pas impossible, les plus grandes vîtesses
initiales des boulets de canon pouvant monter à 1500
mètres), les ricochets doivent se faire, tout étant
égal d'ailleurs, avec beaucoup plus d'énergie, à cause
de la grande vîtesse avec laquelle l'air se précipite dans
l'eau. Cependant pour embrasser les cas les plus ordinaires, nous supposerons $V < 403^{\text{mètr.}}$; et il est visible,
que si le calcul montre la possibilité des ricochets dans
ce cas, elle sera prouvée, à plus forte raison, pour le
cas de $V > 403^{\text{.mètr.}}$

27. Pour arriver plus rapidement à connaître le degré de compression de l'air naturel, qui s'enfonce dans
l'eau avec la vîtesse V ; imaginons qu'on remplisse
un vase d'un volume d'air, doué de cette vîtesse, et
qu'on ferme tout-à-coup le vase. Il est clair que
l'air renfermé dans ce vase aura, par la nature des
fluides élastiques, toute la compression qu'il s'agit de
connaître; compression qui, en ouvrant ensuite la communication du récipient avec l'atmosphère, imprime-

rait, dans le premier instant, à l'air extérieur une vîtesse initiale = V. Par conséquent la question se réduit à chercher à quel degré doit être comprimé l'air dans un vase, pour que cet air, en sortant du vase, ait, à travers l'atmosphère, supposée tranquille et dans son état moyen, une vîtesse initiale = V. La solution du problême inverse de celui-ci se trouve dans les traités d'hydrodynamique de Daniel BERNOULLI, et de M. BOSSUT, dont nous ferons usage, en l'adaptant à notre objet. Nous supposerons que la densité de l'eau est 800 fois plus grande que celle de l'air atmosphérique près de la surface de la terre (a); et qu'une colonne d'eau de la hauteur de $10^{mètr.}$, 40 fait équilibre à la pression moyenne de l'atmosphère. Soit 1 la densité moyenne de l'atmosphère, et n celle de l'air du récipient. Si l'on nomme F le poids de la colonne d'eau, qui fait équilibre à la pression de l'atmosphère, la force expulsive de l'air du récipient sera équivalente au poids $(n-1)$. F; savoir à la pression d'une colonne d'eau de la hauteur de $(n-1)$. $10^{mètr.}$, 40; équivalente elle-même à une colonne d'air, par-tout de même densité que celui du récipient, et de la hauteur de

---

(a) Le rapport que nous adoptons est un peu différent de 770, 30 que M. Biot a trouvé par des expériences très-exactes. Mais pour notre objet, cette différence ne peut avoir d'influence sensible; qui d'ailleurs serait toute à l'avantage de nos résultats.

$$(n-1).(10^{\text{mètr.}}, 40).\frac{800}{n}:$$

Or la vîtesse produite par cette pression est

$$V=2.\sqrt{4^{\text{mètr.}}, 904.(n-1)(10^{\text{mètr.}},40)\frac{800}{n}}:$$

et puisque V est supposée donnée, on en tire, en effectuant les calculs numériques,

$$n=\frac{163205,12}{163205,12-V^2} \; ;$$

et la hauteur de la colonne d'eau, équivalente à la force expulsive de l'air du récipient, deviendra

$$H=\frac{(10^{\text{mètr.}}, 40).V^2}{163205,12-V^2}.$$

28. Si l'on veut substituer à cette colonne d'eau, une colonne équivalente de fer, ainsi que notre objet l'exige, on aura

$$H'=\frac{H}{7,2},$$

pour la hauteur de cette dernière colonne, en adoptant $\frac{1}{7,2}$ pour le rapport du poids spécifique de l'eau à celui des boulets de canon. Ainsi les vîtesses, que chaque colonne produirait sur la substance dont elle est formée, seront respectivement

$$u=\sqrt{\frac{(204,0064).V^2}{163205,12-V^2}} \quad \text{pour l'eau ;}$$

$$u'=\sqrt{\frac{(204,0064).V^2}{7,2\left\{163205, 12-V^2\right\}}} \quad \text{pour le fer.}$$

Telles seraient donc les valeurs de v, qu'il faudrait substituer dans les formules du n.° 20, pour avoir l'effet du ressort de l'air condensé sur l'eau ou sur le boulet, si les choses se passaient, au moment du ricochet, comme dans l'hypothèse du récipient que nous venons de faire, et n'ayant égard qu'à l'action de l'air qui suit immédiatement le boulet. Nous verrons dans la suite, que la vîtesse imprimée au projectile, par les actions combinées de l'air attrapé, et de celui qui s'enfonce après lui dans l'eau, est réellement plus grande que celle qui résulte des formules précédentes. Cependant nous l'employerons, dans les exemples suivans, telle que ces formules la donnent, comme étant suffisante pour confirmer la vérité de la cause, que nous avons assignée à la production de ces ricochets.

29. Essayons quelques applications numériques, rapprochées autant qu'il est possible, de l'observation, pour nous assurer plus positivement, si le boulet, après s'être réfracté dans l'eau, est vraiment détourné de manière à produire le ricochet, en vertu de la composition de sa vîtesse restante, avec celle que lui imprime le ressort de l'air condensé. Supposons, pour premier exemple, que pour un boulet de canon, lancé très-obliquement sur la surface de l'eau, on ait les valeurs suivantes (n.° 20)

$$V = 390^{\text{mètr.}};$$
$$V' = 300^{\text{mètr.}};$$
$$\alpha = 1°;$$

On trouvera (n.° 28)

$$u' = v = 19^{\text{mètr.}}, 70;$$

et les angles compris entre (n.° 21)

$$\beta' = 15°. 25'; \text{ et}$$

$$\beta'+\beta''=92°. 46',$$

seront favorables au ricochet. Prenons

$$\beta = 60°,$$

l'on aura

$$\omega = 2°. 11';$$

$$\text{M'R}=310.^{\text{mètr.}}$$

Cette vîtesse, avec la direction ω, est plus que suffisante pour lancer le boulet hors de la surface de l'eau: l'angle ω augmentera encore, d'après la théorie de la réfraction, et le ricochet aura lieu, conformément à ce que l'observation présente. On voit pareillement que les limites de l'angle β correspondent très-bien à la manière, dont l'air s'enfonce après le boulet dans l'eau, en se jetant dans le sillon formé sur la surface du liquide, que l'air lui-même creuse et dilate encore par la force avec laquelle il s'y précipite.

La vîtesse avec laquelle l'eau sera chassée tout-à-l'entour, à l'instant de l'explosion de l'air condensé, sera de 53 mètres, en employant la valeur de u du n.° précédent. Par conséquent si la direction de cette vîtesse était verticale, l'eau serait lancée à la hauteur de 144 mètres, sans la résistance continuelle de l'air et de sa propre viscosité. Cette grande vîtesse, et élévation de l'eau, sont encore constatées par l'observation.

Si, les autres quantités restant les mêmes, on suppose dans l'exemple précédent,

$$V'=230^{\text{mètr.}};$$

on trouvera

$$\beta'=11^{\circ}.\ 45';$$
$$\beta'+\beta''=93^{\circ}.\ 55';$$

et en prenant $\beta=45^{\circ}$,

on a

$$\omega = 2^{\circ}.\ 20';$$
$$\text{M'R}=244^{\text{mètr.}};$$

valeurs également capables de produire le ricochet.

Supposons que, pour un autre exemple, l'on ait

$$V = 325^{\text{mètr.}};$$
$$V'=190^{\text{mètr.}};$$
$$\alpha = 1^{\circ};$$

On trouvera

$$u'=7^{\text{mètr.}},21$$

et l'angle β sera compris entre

$$\beta'=27^{\circ}.\ 24', \text{ et}$$
$$\beta'+\beta''=91^{\circ}.\ 10':$$

en faisant

$$\beta = 70^{\circ},$$

on a

$$\omega = 1^{\circ}\ 2';$$
$$\text{M'R}=192^{\text{mètr.}},50:$$

d'où l'on voit que le ricochet aura encore lieu, et l'eau sera chassée avec une vîtesse initiale de $19^{\text{mètr.}}$, 47.

30. Nous avons supposé dans le premier exemple, que la vîtesse restante du boulet, après avoir frappé l'eau, et à l'instant de l'explosion de l'air, n'est que

les $\frac{10}{13}$ de la vîtesse à son arrivée à la surface du liquide, en sorte que la vîtesse perdue en est les $\frac{3}{13}$. Pour faire voir, que cette vîtesse est, peut-être, encore plus faible que celle que vraisemblablement le corps perd par la résistance du liquide, nous nous servirons de la formule

$$u = V . e^{\frac{-3g.x}{8r.G}} ,$$

qui représente, d'après la théorie ordinaire, la vîtesse d'une sphère qui se meut dans un fluide indéfini et incompressible, en négligeant l'action de la gravité, ce qui ne peut produire aucune erreur sensible dans le cas dont il s'agit. Dans cette formule, u est la vîtesse actuelle de la sphère, V sa vîtesse initiale, r son rayon, G son poids spécifique, g celui du liquide, x le chemin parcouru par la sphère depuis l'origine de son mouvement, et e la base des logarithmes hyperboliques. Dans notre exemple on a (pour un boulet dit de 24)

$$g = 1 ;$$
$$G = 7,2 ;$$
$$2r = 148^{\text{millimètr.}} ;$$
$$u = \frac{10\,V}{13} :$$

On trouve ainsi

$$x = 0^{\text{mètr.}},374 .$$

Or il est très-probable que le boulet parcourt, sur l'eau, un espace plus long que celui-ci avant que le ricochet se fasse : en outre comme il ne s'enfonce pas tout-à-fait, principalement à son entrée dans l'eau, la résistance que le projectile éprouve, est plus grande que si son immersion dans le liquide était complète, par l'effet des *dénivellations (a)*. Ainsi les hypothèses numériques que nous venons de faire, peuvent être admises comme assez conformes aux principes connus. Cette remarque doit s'étendre aux autres exemples semblables.

Des ricochets des pierres sur la surface de l'eau.

31. Nous avons déjà observé (n.° 9) que les ricochets successifs des pierres, d'après leur figure et la manière dont elles frappent la surface de l'eau, paraissent plus particulièrement produits par la large couche d'air qu'elles attrapent que par l'air qui les suit, dont la vîtesse est peu considérable. Mais on peut encore expliquer très-bien le premier ricochet, par la seule action de l'air qui s'enfonce dans la cavité faite par la pierre sur la surface de l'eau : car dans ce cas la vîtesse de l'air qui suit la pierre, est assez forte pour cet effet, qui d'ailleurs peut-être également produit par la seule couche d'air comprimée entre les deux surfaces. Nous allons rapporter ici ces calculs, en commençant par le premier, qui est semblable à celui que nous avons fait pour les boulets de canon.

- (a) Nouvelle architecture de M. Prony ; 1.ère partie n.° 906 et suivans.

7

La hauteur H du n.° 27 devient, pour les pierres,

$$H' = \frac{(10^{\text{mètr.}},40)V^2}{2,5\left\{163205,12 - V^2\right\}},$$

dont la vîtesse correspondante est

$$u'' = \sqrt{\frac{(204,0064).V^2}{2,5\left\{163205,12 - V^2\right\}}} :$$

$\frac{1}{2,5}$ étant le rapport du poids spécifique de l'eau à celui de semblables pierres. Soit, par exemple, une pierre lancée de manière qu'on ait

$$V = 70^{\text{mètr.}} ;$$
$$V' = 40^{\text{mètr.}} ;$$
$$\alpha = 1°. ;$$

On trouvera

$$u'' = v = 1^{\text{mètr.}},60 :$$
$$\beta' = 25°. 52' ;$$
$$\beta' + \beta'' = 91°. 18' :$$

En prenant

$$\beta = 85°. ,$$

on a

$$\omega = 1°. 17' ;$$
$$M'R = 40^{\text{mètr.}},14 :$$

valeurs suffisantes pour produire le ricochet.

32. Mais ces formules ne peuvent plus servir pour les ricochets successifs, où la vîtesse de la pierre, en retombant dans l'eau, diminue considérablement d'un ricochet à l'autre. Il est donc nécessaire de faire entrer dans le calcul l'effet de la couche d'air comprimée

entre la surface de la pierre et celle du liquide : et
puisque l'effet de l'air qui suit la pierre , est très-petit
par rapport à celui de cette couche , nous n'y aurons
point égard dans le calcul suivant. Soit V la vîtesse
de la pierre à l'instant qu'elle frappe la surface liquide,
et θ l'angle que sa direction fait avec la même surface,
supposée horizontale ; $V.\sin\theta$ sera la vîtesse verticale
de la pierre , et la compression de la couche d'air sera
due à cette vîtesse. Mais parceque le plan de la pierre,
en frappant l'eau , n'en touche pas , en général , la
surface en tous ses points ; il est clair que la compression de la couche aërienne ne correspondra qu'à une
partie de la vîtesse précédente , en sorte que la vîtesse
communiquée à la pierre , par l'air , sera

$$v = \frac{V.\sin\theta}{m},$$

m étant un nombre positif plus grand que l'unité ,
exprimant le rapport de la percussion à l'action de
l'air sur la pierre. L'eau sera chassée , par la force de
cette couche , avec une vîtesse représentée par

$$\frac{V.\sin\theta\sqrt{2,5}}{m}.$$

Pour faire quelques applications numériques , prenons,
en premier lieu , l'exemple précédent (n.° 31.), où
l'on a

$$V = 70^{\text{mètr.}};$$
$$V' = 40^{\text{mètr.}};$$
$$\alpha = 1°.,$$

52

Supposons l'angle θ , duquel dépend α , de 4°; l'angle β sera peu différent d'un angle droit , par la figure de la pierre , et par la manière dont elle frappe l'eau: Prenons-le de 85°; pour que le ricochet soit possible on doit avoir (n.° 22)

$$v > \frac{V.' \sin \alpha}{\sin . \beta},$$

c'est-à-dire $m < 6{,}904$; et puisque d'un autre côté $m > 1$; il résulte que la compression de la couche d'air doit tomber , pour le succès du ricochet , entre 1 et $\frac{1}{6,904}$ de la force comprimante; ce qui est très-conforme aux circonstances de ce phénomène , et à la mécanique des fluides élastiques. Prenons

$$m = 3 ;$$

on aura

$$v = 1^{\text{mètr.}},63 ;$$
$$\omega = 1°. 20' ;$$
$$\text{M'R} = 40^{\text{mètr.}},14.$$

Si l'on prend les limites les plus favorables, savoir

$$\beta = 90° ;$$
$$m = 1 ;$$

on trouve

$$v = 4^{\text{mètr.}},88 ;$$
$$\omega = 5°.58' ;$$
$$\text{M'R} = 40^{\text{mètr.}},20 ;$$

et l'eau sera chassée avec une vîtesse initiale de $7^{\text{mètr.}},81$.

Ces limites ne sont pas impossibles , et doivent

même avoir lieu, si l'on fait attention, que bien souvent tous les points du plan de la pierre frappent, à
fort peu-près, le liquide dans le même instant; et
que le remou qui se forme à l'avant de la pierre,
donne la faculté à l'air condensé de développer un
plus grand degré de force.

Considérons maintenant les ricochets successifs : le
peu d'élévation et d'amplitude des trajectoires décrites
par la pierre ; montre que ses vîtesses sont dues à de
petites hauteurs, qu'on peut supposer de 0,5 à 2 ou
à 3 mètres, au plus. Soit donc

$$V = 7^{\text{mètr.}};$$
$$V' = 4^{\text{mètr.}};$$
$$\theta = 10°;$$
$$\alpha = 3°;$$
$$\beta = 85°;$$

m sera compris entre 1 et 5,78 : prenons $m = 2$; on
aura

$$v = 0^{\text{mètr.}},60;$$
$$\omega = 5°. 29';$$
$$M'R = 4^{\text{mètr.}},04.$$

D'où l'on voit que le ricochet se fera. Si l'on prend

$$m = 1;$$
$$\beta = 90°;$$

ou trouve

$$v = 1^{\text{mètr.}},20$$
$$\omega = 5°. 35'$$
$$M'R = 4^{\text{mètr.}},23.$$

valeurs également capables de faire rejaillir la pierre;
l'eau sera chassée avec une vitesse initiale de $1^{\text{mètr.}}$,92.

On voit, par ces exemples, avec quelle facilité on
explique les ricochets des pierres, par l'effet de la
couche d'air comprimée entre les deux surfaces. On
explique également les bonds successifs des boulets
de canon; et en examinant les limites, entre lesquelles doit être compris le nombre m, on ne peut se
refuser d'y voir la véritable expression de ce qui arrive
dans la nature, d'après les circonstances du phénomène.
Il en résulte ainsi, que les actions combinées de
l'air comprimé entre le corps et le liquide, et de celui
qui s'enfonce après le mobile dans la cavité liquide,
suffisent pour rendre raison dans tous les cas, de ce
genre de phénomènes.

*Du rejaillissement des liquides, causé par des corps qui
tombent sur leur surface.*

33. Si l'effet de la couche d'air comprimée entre le
corps et le liquide, était simplement comparable à celui
d'un ressort, doué d'une élasticité parfaite, et interposé entre les deux surfaces; il se réduirait à faire rejaillir le corps, ou une autre masse équivalente avec
une force égale à celle qui a produit la compression;
et dans ce cas le calcul se rapporterait à la théorie du
choc des corps élastiques. C'est ce que nous avons fait
dans le n.° précédent, à l'objet de simplifier les calculs

qui expliquent les ricochets des pierres. Mais cette
manière d'envisager l'effet de la couche d'air comprimée,
suffisante par elle-même pour expliquer la réflexion
des corps à la surface de l'eau, ne peut nullement
rendre raison des faits les plus remarquables, que
l'observation des diverses modifications de ces phénomènes, nous met sous les yeux. Ainsi dans l'expérience
II.e (n.°14) faite avec une petite boule de cire, tombant de la hauteur de 20 centimètres, on a un rejaillissement d'une gerbe d'eau, dont les gouttes supérieures
s'élèvent à la hauteur de 50 à 60 centimètres, d'où
l'on voit, que l'action développée par l'air sur le liquide surpasse, à beaucoup près, pour produire cet
effet la force avec laquelle il a été comprimé par la
boule de cire. Il faut donc que cette action se
comporte d'une manière différente de celle d'un simple
ressort, ainsi que nous l'avons remarqué en d'autres endroits. Voici ce que l'observation présente à
cet égard.

Le volume d'air attrapé et enfoncé par le corps
dans le liquide, tend aussitôt à se dilater et à remonter
à la surface, dès que son ressort peut vaincre les forces
comprimantes, qui viennent à diminuer, ou desquelles
l'air lui-même se soustrait : le liquide qui l'enveloppe
de tous côtés, est soulevé par sa force expansive ; et
par les effets réunis de la liquidité, de la viscosité, de
la communication latérale du mouvement, et de la
pression de l'atmosphère, le volume d'air en s'élévant,

56

se trouve encore dans une enveloppe liquide, de forme
cônique, dont il occupe le creux intérieur. Par la
forme de cette enveloppe, beaucoup plus épaisse vers
la base, que vers le sommet, et par la nature du
mouvement de l'air renfermé, ce fluide tend à s'ouvrir
le passage vers la partie supérieure de l'enveloppe, et
rompant avec force, au moment de son explosion,
la partie supérieure du cône liquide, chasse avec impétuosité les gouttes qui se trouvent vers cet endroit;
mais pendant que l'air se précipite vers le sommet,
l'enveloppe s'alonge, et le creux se resserre vers sa
base, par la pression et la chute du liquide qui en
forme les parois. Il s'en suit que l'espace occupé par
l'air dans l'intérieur de l'enveloppe, diminue vers la
base, en même temps qu'il augmente vers le sommet;
ce qui conserve une plus grande élasticité au ressort
de l'air, qui éclatera par conséquent avec plus d'impétuosité vers la partie supérieure de l'enveloppe.

Telle est la manière, avec laquelle la couche d'air
comprimée par la chute d'un corps dans un liquide,
déploie son action sur le liquide environnant. L'eau
suffit pour rendre sensible ce fait : mais parmi les liquides, sur lesquels j'ai eu occasion de l'observer,
l'huile d'olive est celui dans lequel ce phénomène se
manifeste dans sa plus grande perfection. (Expériences
du n.° 15). Il paraît donc, que pour son succès, il
doit y avoir un certain rapport entre le volume et la
densité de la couche d'air comprimée, et la viscosité

et l'épaisseur de l'enveloppe liquide. Car sans cela ou cette enveloppe ne pourrait pas se former, ou bien elle serait aussitôt rompue dès sa naissance; ce qui est conforme aux connaissances que l'on a sur la nature des fluides élastiques. Ainsi l'on voit par les expériences II.e et VI.e, que la compression de la couche d'air produite par la chute d'une boule de cire de la hauteur de 20 centimètres, forme dans l'eau une gerbe liquide très-épaisse vers sa base, et qui s'élève à une grande hauteur; tandis que dans l'huile d'olive cette même compression produit une gerbe peu épaisse vers sa base, et qui se romp à une petite hauteur. Au con_traire on voit par les expériences I.re et V.e, que la chute d'une boule d'ivoire de la hauteur de 20 centimètres, produit dans l'huile, dont la viscosité est 15 ou 20 fois plus considérable que celle de l'eau, un rejaillissement au moins 40 fois plus grand que dans ce dernier liquide.

34. Il est maintenant visible, que c'est d'après cette manière dont se développe successivement le ressort de l'air, qu'il faudrait calculer son action sur les gouttes qu'il fait rejaillir. Mais on sent l'extrême difficulté d'introduire dans le calcul tous les élémens dont on vient de faire voir l'influence, et dont plusieurs sont encore inconnus, tels que la viscosité des différens liquides, la force plus ou moins grande avec laquelle l'air s'attache à la surface des corps, et l'épaisseur de la couche de ce fluide attrapée entre les deux surfaces.

58

Cependant nous présenterons ici les considérations suivantes, très-propres à mettre en évidence la cause, et
la mesure du phénomène dont il s'agit.

Soit ABCGFDA (*fig.* 9) un solide creux, composé
du tronc de cône ABCD, et du cylindre CGFD.
Imaginons que le cône ABCD soit rempli d'un fluide
élastique, d'air, par exemple, qui ayant la liberté de
se dilater dans le cylindre, chasse par son ressort,
le corps sphérique E, dont nous nous proposons de
connaître la vîtesse. Soit

$$ND = a;$$
$$MA = ma;$$

m étant un nombre positif > 1;

$$MN = b;$$
$$ME = x:$$

nommons de plus Q la densité de l'air intérieur, D
celle de l'air extérieur, et F sa force élastique; $\frac{QF}{D}$ sera
la force élastique de l'air intérieur. Soit K la masse
du corps E; on aura, pour la vîtesse du mobile en E,

$$u^2 = U^2 + \tfrac{2}{3}.\frac{QF}{DK}.b.(m^2+m+1).log.\left\{\frac{b(m^2+m+1)+3(x-b)}{b(m^2+m+1)}\right\} - \frac{2F(x-b)}{K}$$

La constante étant déterminée de manière, que lorsque
$x = b$, $u = U$, U étant la vîtesse que l'air intérieur im-
primerait au mobile situé en N, s'il n'y avait pas la
pièce cylindrique.

En nommant L la longueur totale MH, on aura,
en mettant L pour x dans l'expression précédente, la
vîtesse du corps à sa sortie de la pièce.

La longueur L , qui rend u un maximum , est

$$L = \frac{Q}{D} \cdot b \cdot \left\{ \frac{m^2 + m + 1}{3} \right\} - b \cdot \left\{ \frac{m^2 + m + 1}{3} \right\} + b \ ;$$

ce qui donne

$$u^2 = u^2 + \frac{2F}{3K} b \cdot (m^2 + m + 1) \left\{ \frac{Q}{D} \cdot \log \cdot \left(\frac{Q}{D} \right) - \left(\frac{Q}{D} - 1 \right) \right\} .$$

Supposons maintenant qu'on ait le cylindre creux KLSR (*fig.* 10), dont le rayon soit $= a$; et qu'on ait introduit dans la partie LPQK un volume d'air égal à celui qui était dans le cône ABCD (*fig.* 9), en sorte que les densités et les volumes de ces deux masses d'air , soient égaux ; on aura

$$TX = b \left\{ \frac{m^2 + m + 1}{3} \right\} ;$$

et la longueur totale TV du cylindre qui donne pour u le maximum , deviendra

$$L' = \frac{Q}{D} \cdot b \cdot \left\{ \frac{m^2 + m + 1}{3} \right\} ;$$

et le maximum de la vîtesse sera donné par l'équation

$$u^2 = u^2 + \frac{2F}{3K} b \cdot (m^2 + m + 1) \left\{ \frac{Q}{D} \cdot \log \cdot \left(\frac{Q}{D} \right) - \left(\frac{Q}{D} - 1 \right) \right\} ;$$

expression qui est la même que la précédente , relative à la *fig.* 9. On en conclud que tant que m est plus grand que l'unité , on a

$$L < L' :$$

Le rapport de ces deux longueurs

$$\frac{1}{1 - \dfrac{(m^2 + m - 2)}{\frac{Q}{D} (m^2 + m + 1)}}$$

augmente à mesure que m est plus grand, et $\frac{Q}{D}$ peu considérable (quoique toujours $>$ 1); ce qui est vraiment le cas du rejaillissement des petites gouttes, que nous considérons ici.

La comparaison que je viens d'établir entre les deux longueurs L et L', a pour objet d'indiquer en quoi consiste l'avantage de l'enveloppe conique, dans laquelle se meut la couche d'air comprimée, à sa sortie du liquide. Il en résulte que cette enveloppe, qui s'engendre naturellement autour de la bulle d'air, fournit le moyen à ce fluide de développer plus rapidement son action, et de produire, par la voie la plus courte, le plus grand effet, dont son ressort soit capable.

35. Mais pour rendre plus sensible encore la force que déploie l'air renfermé dans le cône liquide, et pour se rapprocher davantage de ce qui paraît avoir lieu physiquement, considérons le cône creux ABH (*fig.* 11), et supposons, 1.° que l'air d'abord renfermé dans l'espace ABCD, soit, à mesure qu'il se précipite vers H, réduit par un mécanisme quelconque, à conserver toujours le même volume, en sorte que sa force élastique soit constante : 2.° que le diamètre du mobile E, que l'air sollicite, diminue de manière que sa surface soit toujours tangente à celle du cône. Ces hypothèses sont fort approchantes de ce qui arrive dans le cône liquide soulevé par l'air, qu'il enveloppe.

Car à mesure qu'il s'alonge, son épaisseur diminue, le creux intérieur se rétrécit, et les gouttes supérieures deviennent toujours plus petites; effet occasioné par la viscosité du liquide, et par la forme du creux, dans lequel l'air se meut. Cherchons donc, dans ces hypothèses, la vîtesse du globule dans un point quelconque E. Soit

$$MA = R;$$
$$MH = L;$$
$$MN = b;$$
$$ME = x:$$

On en conclura

$$ND = \frac{R(L-b)}{L};$$

$$ER = \frac{R(L-x)}{\sqrt{R^2 + L^2}} = \text{au rayon du globule.}$$

Sa vîtesse u au point E sera donnée par l'équation

$$u' = u + \frac{3\left(\frac{QF}{D} - F - F\right)\left(L^2 + R^2\right)^{\frac{3}{2}}}{4.\pi p.R^3} \cdot \left\{ \frac{1}{(L-x)^2} - \frac{1}{(L-b)^2} \right\}:$$

dans laquelle u est la vîtesse du globule au point N, p son poids spécifique, F la viscosité ou la force d'adhésion de la goutte avec les parois du cône, supposée constante, π le rapport de la circonférence au diamètre; Q, D et F ont la même signification que dans le n.° précédent.

On voit par cette équation, avec quelle rapidité la vîtesse du mobile augmente, à mesure que x augmente;

en sorte que si l'on fait

$$x = L\left(1 - \frac{1}{n}\right),$$

n étant un nombre positif très-grand, l'expression de u devient de cette forme

$$u = n.\sqrt{A + \frac{B}{n^2}},$$

qui montre que u est du même ordre que le nombre n.

A la vérité on ne pourrait pas démontrer, que les suppositions précédentes sont, à la rigueur, conformes à ce qui a lieu dans la nature: mais il n'est pas douteux, que le creux du cône liquide se resserre et se rétrécit à mesure qu'il s'alonge, ce qui rend l'équation que nous venons de tirer, très-propre à expliquer d'une manière satisfaisante, comment des gouttes très-petites de liquide, qui n'ont pas un demi-millimètre de diamètre, sont lancées à des hauteurs si considérables, soit par rapport à la compression de l'air faite par la chute du corps; soit par rapport à la hauteur, à laquelle s'élèvent d'autres gouttes plus grosses, qui d'ailleurs doivent éprouver une moindre résistance de la part de l'atmosphère, comparativement aux gouttes plus petites. Ainsi, pour en apporter un exemple (n.° 15. Expérience V.ᵉ) le rejaillissement des petites gouttes d'huile produit par la chute d'une petite boule d'ivoire, est tel que leur vîtesse initiale a dû être plus forte que de 3ᵐᵉᵗʳ, 83, tandis que la vîtesse finale de la boule n'arrivait pas à 1ᵐᵉᵗʳ, 98.

36. La manière dont nous venons de considérer l'effet de l'air comprimé par un corps, qui tombe verticalement sur un liquide, doit s'étendre au cas, dans
lequel la chute n'est pas verticale, comme dans celui
des ricochets des pierres et des boulets de canon. Car
il est aisé de concevoir, que l'air condensé soit qu'il
agisse contre le corps, et en produise la réflexion,
soit que son action s'exerce sur le liquide, dont il est
enveloppé, se meut dans tous les cas à-peu-près comme dans un tuyau, au moins dans les premiers instans:
par là l'action de son ressort ne se fait pas seulement
par un coup instantané, mais elle dure pendant un
temps fini et appréciable, ce qui lui donne le carac-
tère d'une véritable force accélératrice. D'où l'on déduit
que la force développée par l'air dans la production
des ricochets, est réellement plus grande, que celle
que nous avons adoptée dans les n.ºs 27 et 32, ainsi
que nous l'avions remarqué plus haut.

Les gouttes qui tombent sur des liquides, et qui
en rejaillissant conservent sensiblement la même gros-
seur, ne s'élèvent pas, à beaucoup près, à des hauteurs aussi grandes, que les gouttes qui rejaillissent par
la chute des corps solides. D'après la manière, dont la
goutte, en tombant, s'étend sur le liquide, sans se
mêler avec lui par l'effet de la couche d'air interpo-
sée entre les deux surfaces, on voit que le cône liquide
creux ne peut pas avoir lieu, au moins sensiblement;
car la couche aérienne en soulevant la goutte, n'est

plus enveloppée par le liquide, et son ressort se met aussitôt en équilibre avec celui de l'air environnant. Mais si un plus grand volume de liquide tombe tout d'une pièce sur la surface d'un liquide (n.° 17. Expérience IX.ᵉ), alors le rejaillissement qu'il produit, est comparable à celui causé par des corps solides, et rentre entièrement dans la théorie que nous venons d'exposer.

37. Nous terminerons cet article par quelques remarques sur ce qui arriverait en laissant tomber une goutte d'eau dans un vase rempli de ce liquide, et placé sous le récipient de la machine pneumatique, où l'on ait raréfié l'air. D'après la cause à laquelle nous attribuons la réflexion de la goutte, elle ne doit point rejaillir, ni se détacher de la surface liquide, dans le vide parfait, et lorsqu'il n'y a pas d'air adhérent à la surface des corps. Or on sent combien il est difficile de remplir ces conditions dans nos meilleures machines, celle sur-tout de dépouiller entièrement la surface des corps de la couche aërienne qui l'enveloppe. Voyons donc ce que le calcul nous apprend à cet égard.

Supposons que la pression de l'air, sous le récipient pneumatique, corresponde à 1 millimètre de la colonne barométrique : cet air sera d'environ 750 fois moins dense que l'air extérieur. Maintenant si on laisse tomber sous le récipient une goutte de la hauteur de 3o centimètres, la pression qu'elle exercera sur la surface frappée, sera équivalente, d'après la théorie de

la percussion des fluides, à celle d'une colonne d'eau
de la hauteur de 30 centimètres: ainsi la couche d'air
attrapée sera comprimée, au moment du choc, par
une colonne d'eau de 314 millimètres de hauteur; et par
conséquent sa densité ne sera plus, dans cet état, que
33 fois moindre que celle de l'air extérieur, tandis
qu'elle sera 22 fois plus grande, que la densité de
l'air du récipient. Or les physiciens conviennent, d'après
un grand nombre d'expériences, que la loi de la pro-
portionnalité de l'élasticité de ce fluide à la pression
qu'il éprouve, est encore sensiblement exacte à une
densité cent fois moindre que celle de l'air atmosphérique près de la surface de la terre. Il s'en suit, que
la couche aërienne comprimée par la goutte, qui n'est
que 33 fois plus rare que l'air extérieur, et qui d'ailleurs est 22 fois plus dense que l'air du récipient, doit
éclater aussitôt que la compression vient à cesser, pour
se remettre en équilibre avec l'air du récipient.

Il résulte donc que dans la raréfaction que nous
venons de supposer, le rejaillissement de la goutte
peut encore avoir lieu, par l'effet du ressort de la
couche d'air qu'elle comprime. On a vu que la goutte
tombant de la même hauteur en plein air, rejaillit de
4 à 5 centimètr. La densité de la couche aërienne
qu'elle comprime, est dans ce cas à la densité de
l'air atmosphérique, comme 103: 100; ce rapport,
beaucoup plus faible que le précédent, 22: 1, montre, que quoique la densité de l'air comprimé ne soit

pas due a toute la pression produite par le choc de
la goutte, dans l'expérience sous la machine pneumatique; elle deviendrait toutefois encore assez forte, re-
lativement à l'air du récipient, pour faire rejaillir la
goutte.

38. De ce qui précède on peut donc conclure que
la vraie cause des ricochets à la surface de l'eau con-
siste dans l'action de la couche d'air comprimée entre
la surface du corps et celle du liquide, et dans l'action du
vent qui s'enfonce après le corps dans le creux fait sur
le liquide, combinées avec la vîtesse et la direction du corps
au moment du ricochet. Pareillement *le ressort de l'air com-*
primé au moment du choc, entre les surfaces du liquide et
du corps, est la vraie cause du rejaillissement du liquide.
On a vu que par l'application et le développement de
cette cause on satisfait complétement à l'ensemble des
observations, et à tous les détails de ces phénomènes.
Il en résulte ainsi que leur théorie rentre dans celle
des armes à feu; et que les mêmes principes de calcul, qui déterminent le mouvement et la vîtesse des
boulets de canon à leur sortie de la pièce, servent
également à rendre raison des bonds, qu'ils font sur
la surface des eaux.

Considérations générales sur les explications données jusqu'à présent des ricochets à la surface des eaux.

39. Parmi les causes auxquelles on a attribué la production de ces ricochets, l'élasticité de l'eau est, peut-être, la première qui s'est présentée à l'esprit des observateurs, qui ont dû même la regarder comme la plus probable et la plus satisfaisante, par l'avantage séduisant qu'elle offre au premier abord dans la facilité apparente de se plier sans détours à l'explication du phénomène. L'élasticité de l'eau était ainsi prouvée par la réflexion des corps à sa surface, réflexion qui à son tour s'expliquait sans peine par cette propriété du liquide. MUSSCHENBROËK s'exprime ainsi à cet égard : *(a)* « Les ricochets qu'on voit faire » aux pierres qu'on lance obliquement sur l'eau ; ceux des » boulets de canon, qui attrapent obliquement sa surface, » prouvent qu'elle est élastique ». D'autres physiciens ont crû qu'en vertu de la grande obliquité, avec laquelle il faut lancer le corps, pour qu'il fasse des bonds sur la surface de l'eau, un petit degré d'élasticité dans ce liquide suffit pour produire la réflexion du corps : mais il est facile de s'assurer du contraire. Soit un projectile, qui frappe avec la vitesse V, et sous l'angle θ la surface stagnante et horizontale de l'eau, con-

---

(a) Cours de physique N.° 1447.

68

sidérée comme un plan élastique; et soit θ' l'angle sous lequel il est réfléchi : Le rapport de l'élasticité à la percussion sera représenté par

$$\frac{\text{tang.}\theta'}{\text{tang.}\theta} :$$

Or l'observation prouve que l'angle θ' est souvent égal et quelque fois même plus grand que l'angle θ, principalement dans les ricochets des pierres : le rapport précédent deviendrait ainsi égal ou plus grand que l'unité; ce qui indique que l'élasticité de l'eau doit, au moins, être *parfaite*, pour répondre à l'observation. Supposons que la composante horizontale de la vîtesse V se réduise à $\frac{V.\cos\theta}{n}$, (n étant un nombre positif plus grand que l'unité), par l'effet de la résistance de l'eau pendant le temps que le corps glisse sur sa surface; le rapport précédent de l'élasticité à la percussion deviendra

$$\frac{\text{tang.}\theta'}{n.\text{tang.}\theta} ;$$

expression qui fait voir que ce rapport diminue à mesure que n augmente; c'est-à-dire, que l'élasticité dépend de la perte de la vîtesse horizontale que fait le mobile sur la surface de l'eau; ce qui est inadmissible.

Considérons le cas d'une goutte d'eau qui tombe verticalement sur la surface de ce liquide. Nous avons vu (n.° 17) qu'en tombant de la hauteur de 30 centimètres, la goutte rejaillit par la verticale à 5 centimètres. Dans ce cas pour que le rejaillissement soit dû à l'élasticité de l'eau, il faut que son rapport à la percussion soit de 0,41. Dans cette expérience nous ne considérons point le rejaillissement des petites gouttes, qui par le choc de la goutte qui tombe, s'élèvent quelquefois à des hauteurs beaucoup plus grandes que celle que nous venons de rapporter. Il suit de ces considérations et de ces expériences, que la force élastique de l'eau, capable de produire la réflexion des corps à sa surface, devrait être si grande, qu'on ne peut concevoir, comment elle a pu échapper aux expériences directes, et comment il peut se faire qu'elle ne se manifeste pas à un aussi haut degré dans aucun autre phénomène. L'élasticité des liquides ne suffit donc pas pour expliquer les ricochets et les rejaillissemens, qui se font à leur surface, et d'autant moins si l'on ajoute la circonstance très-remarquable, que les ricochets n'ont lieu que sous de très-petits angles d'incidence.

40. D'Alembert est le premier, qui a cherché à expliquer les ricochets par la théorie de la résistance des fluides, ainsi qu'on peut le voir dans l'Encyclopédie aux articles *Réfraction* et *Ricochets*, dont il est l'auteur. Nous sommes loin de vouloir entreprendre ici la discussion des principes, sur lesquels ce grand géomètre fonde sa théorie. Nous noterons seulement, qu'il a négligé tout-à-fait l'action de l'air comprimé par le corps, et de celui qui s'enfonce après lui dans l'entonnoir liquide ; action qui devient très-puissante dans

le cas, où le mobile a une grande vîtesse, comme les boulets de canon. Il est clair qu'ayant égard à l'action du vent qui suit le corps, on ne peut plus supposer que les zônes sphériques, qui n'ont pas encore atteint la surface de l'eau, éprouvent une égale résistance dans toute leur étendue; car la surface postérieure du corps est poussée davantage par l'air, qui, en la suivant de près avec toute sa vîtesse, vient la frapper, lorsque le mobile s'arrête ou perd une partie finie de son mouvement, ainsi que nous l'avons expliqué au commencement de ce Mémoire.

On voit donc que la théorie de D'ALEMBERT n'embrasse point toutes les causes, qui concourent à produire les ricochets, et ne peut aucunement se lier à l'explication des autres phénomènes analogues, tels que le rejaillissement des liquides occasioné par la chute des corps sur leur surface, et la réflexion des gouttes, qui tombent verticalement sur des liquides.

L'explication de D'ALEMBERT a été suivie par quelques physiciens : mais la manière vague dont ils l'exposent, ou la modifient, la rend très-difficile à concevoir. Voici comment s'énonce M.ʳ BRISSON dans son Dictionnaire de physique, à l'article *Ricochets* : « La » cause du ricochet est la résistance de l'eau. Si l'on » lance très-obliquement un corps sur la surface de » l'eau, et avec assez de vîtesse ; ce fluide lui résiste » assez de temps, pour l'empêcher d'y entrer, et l'obliger » à se réfléchir et à continuer son mouvement dans l'air. »

Cet auteur tient à-peu-près le même langage à
l'article *Réfraction* : « Quand l'incidence, dit-il, est
» très-oblique, il arrive souvent que le mobile au lieu
» de se plonger dans le milieu réfringent, se réfléchit
» comme s'il tombait sur un plan solide. C'est ce qui
» arrive à un boulet de canon tiré très-obliquement à
» la surface de l'eau. Dans ce cas là, l'eau lui refuse
» assez long-temps le passage, pour lui donner lieu de
» continuer son mouvement dans l'air, et il se réfléchit
» de dessus l'eau, comme il le ferait de dessus un plan
» solide, et par les mêmes raisons. » On voit par ces
passages que l'auteur rapportait le phénomène des ricochets ou à la théorie de D'Alembert, ou à l'élasticité de l'eau, ou, plus probablement, à l'une et à
l'autre de ces deux causes à la fois, si l'on veut donner
un sens à sa manière de s'exprimer.

41. Le célèbre Spallanzani s'est aussi occupé de cet
objet dans une Dissertation imprimée à Modène l'an
1765 (a). Cet écrit, recommandable par l'intérêt que
ce savant Naturaliste a su y répandre, et par la variété
des expériences qu'il renferme, est le premier, peut-
être, et le seul jusqu'ici, où le phénomène des ricochets et du rejaillissement des liquides soit exposé avec
le plus grand détail. Après avoir cherché à établir,
que les liquides ne sont point élastiques, et que par

(a) De lapidibus ab aqua resilientibus, dissertatio.

conséquent on ne peut tirer, de cette propriété, l'explication des ricochets à la surface de l'eau, M.ʳ Spallanzani considère le rejaillissement des gouttes, qui tombent verticalement sur des liquides; et il avoue que la formation des bulles, occasionée par les gouttes de pluie qui tombent sur de l'eau, l'avait d'abord porté à regarder l'air comprimé comme la vraie cause de ce rejaillissement; mais qu'ayant vu par l'expérience, qu'il avait également lieu sous la cloche pneumatique, il a abandonné entièrement cette première idée.

L'Auteur rapporte ensuite un grand nombre d'expériences, qu'il a faites avec des gouttes de différens liquides, et avec des corps solides, tombant verticalement sur des liquides ou sur d'autres substances plus ou moins molles; et après avoir reconnu, que la goutte qui tombe est identique avec celle qui rejaillit, en s'élevant sur le sommet d'un petit cône liquide qui la suit; et qu'à l'endroit de la chute il se forme une cavité; il en conclud, que la cause du rejaillissement consiste dans la force avec laquelle les eaux latérales affluent pour remplir cet entonnoir creux, en faisant ainsi rejaillir la goutte qui s'y trouve au milieu.

De là M.ʳ Spallanzani, passant aux ricochets des pierres et des balles de fusil, appuyé à diverses expériences qu'il rapporte, attribue enfin ce phénomène à ce que le projectile forme sur la surface de l'eau, à l'instant du choc, un entonnoir creux, qui

se présente comme une surface courbe, dont la con-
vexité est tournée vers le fond du bassin : le mobile
glisse, suivant l'Auteur, sur cette surface courbe, comme
sur deux plans inclinés, et produit, en remontant de
l'autre côté, le phénomène du ricochet. Tel est, en
peu de mots, le précis de l'explication de M.ʳ SPAL-
LANZANI, que M.ʳ ARALDI paraît avoir adoptée. (a)

42. Par cet exposé on voit d'abord, que M.ʳ SPAL-
LANZANI n'ayant point eu égard à l'action de l'air comprimé, a dû faire dépendre de principes différens la
réflexion des gouttes et les ricochets des corps à la
surface de l'eau ; circonstance qui diminue extrémement
la probabilité de sa théorie, que d'ailleurs il n'a point
vérifiée par le calcul. Mais pour l'apprécier de près, et
directement, supposons que sous la pompe pneumatique, dans laquelle M.ʳ SPALLANZANI a observé le rejaillissement des gouttes, la raréfaction de l'air, dont
il n'a point noté le degré dans son Mémoire, corres-
pondît à la pression d'un millimètre de mercure ; raréfaction qu'on ne saurait pousser plus loin avec les
meilleures machines pneumatiques. Nous avons vu (n.°
37.) que dans ce cas l'air se condense encore, par le
choc de la goutte tombant de la hauteur de 30 centimètres, à un degré suffisant pour en produire la

(a) Mémoires de l'Institut Italien, Classe de Physique et de Mathématique,
tom. 2, part. 1.ère, pag. 343-4. Bologne 1808.

réflexion par son ressort. Il est très-vraisemblable d'ailleurs, que la raréfaction de l'air, dans l'expérience de M.ʳ Spallanzani, n'arrivait pas au degré que nous venons de supposer.

Si la goutte, dont ce savant Naturaliste a observé le rejaillissement sous le récipient pneumatique, s'est vraiment détachée de la surface du liquide contenu dans le vase, il en résulte que son poids spécifique était moindre, que celui de l'eau, sur laquelle elle était tombée. Car la goutte en tombant sur de l'eau, s'y enfonce jusqu'à ce que sa vîtesse soit entièrement détruite, et alors elle se trouve au point le plus bas du creux qu'elle forme : et il est clair que cette goutte ne saurait remonter, si son poids spécifique était égal à celui des eaux environnantes. Si donc ces eaux ont la force de la soulever, il faut que la goutte soit plus légère; ce qu'on ne peut concevoir, qu'en admettant que la goutte est enveloppée par quelque couche, qui la rend spécifiquement plus légère, et l'empêche de se confondre avec le liquide du vase. Cette remarque, qui n'a pas échappé à M.ʳ Araldi, mais dont il n'a pas tiré parti, n'ayant considéré cette enveloppe que comme un moyen d'empêcher la goutte de se confondre avec le liquide, montre évidemment, que l'action de l'air n'était pas insensible dans l'expérience de M.ʳ Spallanzani.

Du reste il est facile de se convaincre, d'après les lois générales de la mécanique, qu'un certain souleve-

ment du liquide, très-différent du rejaillissement pro-
prement dit, doit aussi avoir lieu à l'endroit frappé
par le corps, dans le vide absolu. Car on sait qu'un
sistème de corps, dont l'équilibre est *stable*, étant un
peu dérangé de sa position, tend à y revenir, en faisant autour de son état primitif des oscillations plus ou
moins étendues. Cette loi, qui s'applique immédiatement au cas dont il s'agit, explique le petit cône liquide, qui s'élève à l'endroit de la chute d'une goutte,
phénomène qui doit avoir lieu dans le vide parfait,
comme en plein air. On doit cependant observer, que
dans l'air libre s'ajoute à la loi précédente la pression de
l'atmosphère pour favoriser la formation de ce cône
liquide, dont la hauteur est augmentée par la succion
du vide que laisse la goutte, qui s'échappe de dessus
le sommet de ce même cône. Ce petit cône, peu considérable, et qui forme une masse continue avec le liquide du vase, est très-différent, soit du *rejaillissement*
des gouttes, qui se détachent tout-à-fait de la surface
liquide, et s'élèvent à diverses hauteurs; soit de la *gerbe
liquide*, que nous avons décrite et expliquée dans le
n.° 33, et dont la hauteur est de plusieurs décimètres.

43. Mais pour rendre plus évidente encore l'insuffi-
sance de la théorie que nous discutons; nous mettrons
sous les yeux les difficultés insurmontables qu'elle présente, à l'aide de deux expériences très-simples, qui
quoique faites en plein air, ne sont pas moins con-
cluantes, que des directes faites dans le vide absolu,

si l'on pouvait en avoir. Une boule d'ivoire, de 12 millimètres de diamètre, faite au tour, très-lisse, parfaitement sphérique et sèche, tombant de la hauteur de 20 centimètres sur de l'eau dormante, fait rejaillir une goutte qui ne s'élève que de 1 à 2 centimètres au plus. En laissant tomber de la même hauteur, une semblable boule de cire, arrondie à la main, et sèche, le rejaillissement produit par son choc se présente sous la forme d'une belle et haute gerbe d'eau, très-considérable vers sa base, et dont les gouttes supérieures sont lancées à la hauteur de 5o à 6o centimètres.

Or comment peut-on, d'après M.ʳ Spallanzani, expliquer ces faits par la seule force, avec laquelle les eaux latérales affluent pour remplir l'entonnoir creux? N'est-il pas évident, que l'impulsion de la boule d'ivoire sur la surface de l'eau, est pour le moins équivalente à celle produite par la boule de cire? N'est-il pas également clair, que si l'on attribue à cette impulsion seule le rejaillissement produit par la boule de cire, il faut supposer que la force avec laquelle les eaux latérales accourent vers le creux, est pour le moins 20 ou 3o fois plus considérable que le choc de la boule, eu égard à la masse d'eau qui rejaillit, et à la hauteur, à laquelle les gouttes supérieures s'élèvent? De plus comment la direction des eaux latérales peut-elle se changer tout-à-coup, par leur rencontre, dans une direction verticale et ascendante, tandis que primitivement elle tend au centre du creux et vers le bas?

Ce sont là autant de circonstances inexplicables suivant la théorie de M.ᵣ SPALLANZANI, et qui deviennent
extrémement simples et faciles à concevoir d'après la
nôtre. En effet il suffit d'avoir égard à l'épaisseur et à
l'adhérence plus ou moins forte de la couche aërienne
à la surface des différentes substances, et à son degré
de compression au moment du choc. La couche adhérente à la boule d'ivoire est très-mince ; celle qui enveloppe la boule de cire, beaucoup plus volumineuse,
est, peut-être, aussi primitivement plus dense. Ainsi
cette boule attrape et comprime un plus grand volume
d'air, qui doit par conséquent produire par sa force
expansive un plus grand effet. Il est facile d'ailleurs de
s'assurer de la quantité d'air adhérent à la surface des
substances dont il s'agit, en les plongeant légèrement
dans l'eau à la même profondeur. On voit par là que la
boule de cire se couvre d'un grand nombre de bulles
d'air très-visibles, tandis que la boule d'ivoire en est
presque totalement dépourvue. Si l'on mouille avec de
l'eau la surface de la boule de cire, le rejaillissement
produit par sa chute, diminue sensiblement en quantité et en hauteur.

Quant à l'explication que donne M.ᵣ SPALLANZANI des
ricochets à la surface de l'eau, en supposant que le
mobile glisse sur la courbure de l'entonnoir, comme
sur deux plans inclinés, l'un descendant, et l'autre as-
cendant ; il est aisé de voir, qu'elle n'est point conforme
à ce qui a lieu dans la nature, ni même compatible avec

les idées que nous avons sur la nature des liquides.
Car le corps en frappant la surface du liquide, devrait
naturellement se trouver au centre et non pas sur les
bords de l'entonnoir creux qu'il forme par son choc. En
outre comment pourrait-il, après être descendu jusqu'au
centre remonter de l'autre côté, sans supposer les parois
de l'entonnoir parfaitement solides, et moulées, pour ainsi
dire, sur la figure du mobile, pour que ce changement
de direction puisse avoir lieu ? Mais, ces réflexions à
part, l'observation et l'expérience montrent, que dans
le sens du mouvement du corps, pendant qu'il ne plonge
pas encore entièrement dans le liquide, il se fait un véritable refoulement d'eau, qui produit une *dénivellation*,
ou différence de niveau de l'avant à l'arrière du corps,
qui retarde sa vîtesse ; et ce n'est que vers cette partie
que le creux se forme.

Nous croyons inutile d'insister davantage sur la théorie de Mr Spallanzani. Les considérations que nous
pourrions ajouter, se présenteront sans peine, en
examinant, d'après l'expérience et les lois de la mécanique, la nature et la marche des phénomènes dont
il s'agit.

44. Mr Avanzini dans un travail très-étendu et très-
intéressant qu'il a entrepris sur la résistance des fluides
(a), se propose de donner dans la suite de ses Mé-

(a) Mémoires de l'Institut Italien, classe de Physique et de Mathématique,
tom. 1, partie 1.ère, pag. 199. Bologne 1806.

moires, l'explication des ricochets qui se font à la
surface de l'eau. D'après les principes qu'il pose dans
son premier Mémoire (a) , il paraît attribuer ce phénomène à ce que le centre de gravité du corps ne
coïncide pas avec celui de sa figure. Il n'est pas douteux, qu'une telle circonstance doit en général avoir
lieu pour la plupart des corps, aussi bien que pour
les boulets de canon ; car ce n'est effectivement que
par un hasard extrémement rare qu'il peut se faire
que les deux centres coïncident dans un même point.
Il est également vrai, que cette circonstance peut
servir à rendre raison de divers phénomènes, ainsi
que le savant Auteur le fait voir dans le Mémoire cité.
Mais il ne paraît pas qu'elle seule soit suffisante pour
expliquer complétement les ricochets: elle est même tout-
à-fait inutile pour rendre raison du rejaillissement des
gouttes, et de la quantité et de la hauteur à laquelle
le liquide rejaillit par la chute *verticale* d'un corps solide sur sa surface. On conçoit cependant , que la direction plus ou moins oblique du mobile, ainsi que
sa liquidité , ou sa solidité , ne doit pas établir ici une
théorie indépendante du cas général; et l'on a pu voir
que la nôtre se prête à toutes ces modifications , comme
à autant de cas particuliers. Si à la considération de

(a) Endroit cité , pag. 318-20,

80

la non-coïncidence des centres de gravité et de figure,
M.ʳ AVANZINI ajoute l'action de l'air que le corps comprime , ou qui s'enfonce après lui dans le liquide , ma
Théorie sur les ricochets , analysée par un Géomètre
qui s'occupe si avantageusement de la Théorie impor-
tante et délicate de la résistance des fluides, ne pourra
qu'y gagner et qu'acquérir toute la certitude , dont
les explications physiques sont susceptibles.

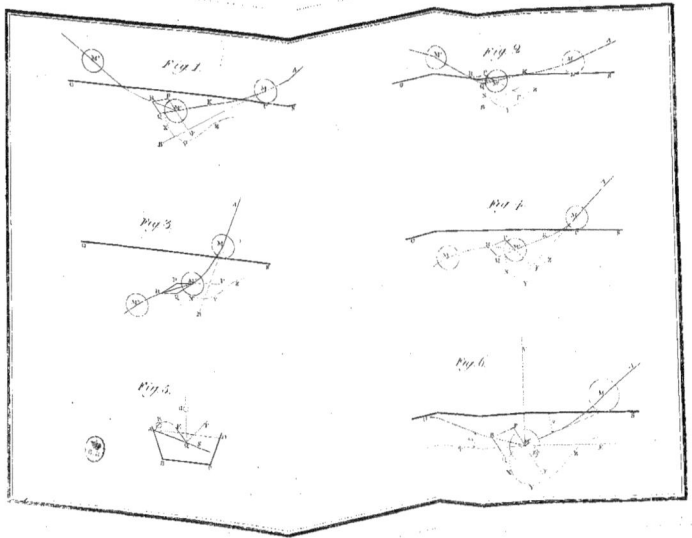

Fig. 1. *Fig. 2.* *Fig. 3.* *Fig. 4.* *Fig. 5.* *Fig. 6.*

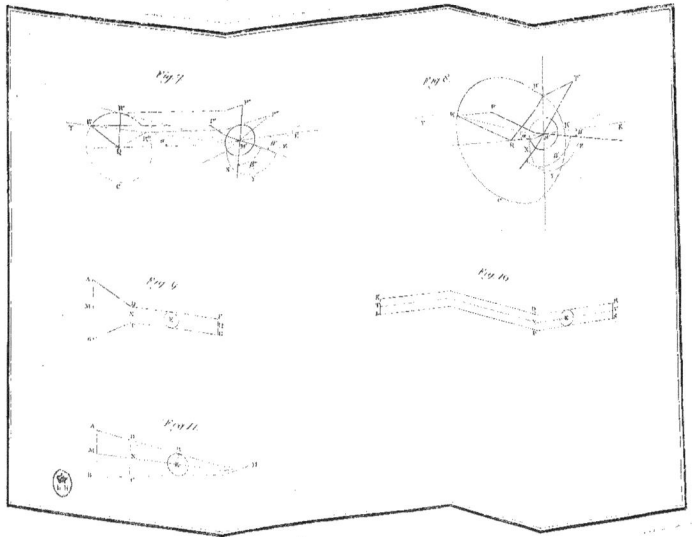

Fig. 7

Fig. 8

Fig. 9

Fig. 10

Fig. 11